禾草沟煤矿采动影响下
支护技术理论与应用研究

王慧林　张大明　王文彬　张　豹　王金国
赵建兵　郭　庆　张骁俊　郝凯凯　　　著

中国矿业大学出版社

·徐州·

内 容 简 介

本书以延安市禾草沟煤矿采煤工作面和井下巷道为研究对象，以采动影响下工作面和巷道支护存在的技术关键和技术难点为主要研究内容，开展禾草沟煤矿采动影响下支护技术理论与应用研究，获得禾草沟煤矿采煤工作面上覆岩层破断机理与运移规律、矿压特点与显现规律，确定工作面支架-围岩相互作用关系，并提出禾草沟煤矿工作面支护的关键理论，建立采煤工作面围岩控制体系；在地应力、煤岩物理力学参数、围岩松动圈测试以及矿压观测的基础上，根据巷道锚杆支护理论，提出巷道支护动态设计方法，建立闭环锚杆支护技术体系，优化巷道支护方案及参数，在保证安全的前提下节约了巷道支护成本。

本书可供从事矿山压力及其控制方面工作的现场工作人员、科研人员以及相关专业的大学生、研究生、教师阅读，也可供相关领域的研究人员参考。

图书在版编目(CIP)数据

禾草沟煤矿采动影响下支护技术理论与应用研究 /
王慧林等著. — 徐州 ：中国矿业大学出版社，2022.6
   ISBN 978-7-5646-5427-6

  Ⅰ. ①禾…　Ⅱ. ①王…　Ⅲ. ①煤矿－矿山支护－研究
－延安　Ⅳ. ①TD35

中国版本图书馆 CIP 数据核字(2022)第 098255 号

书　　名	禾草沟煤矿采动影响下支护技术理论与应用研究
著　　者	王慧林　张大明　王文彬　张　豹　王金国　赵建兵　郭　庆
	张骁俊　郝凯凯
责任编辑	张　岩
出版发行	中国矿业大学出版社有限责任公司
	（江苏省徐州市解放南路　邮编 221008）
营销热线	(0516)83884103　83885105
出版服务	(0516)83995789　83884920
网　　址	http://www.cumtp.com　E-mail：cumtpvip@cumtp.com
印　　刷	江苏凤凰数码印务有限公司
开　　本	787 mm×1092 mm　1/16　**印张** 15.5　**字数** 304 千字
版次印次	2022 年 6 月第 1 版　2022 年 6 月第 1 次印刷
定　　价	58.00 元

（图书出现印装质量问题，本社负责调换）

前　言

采场围岩和巷道顶板稳定性控制是实现矿井安全高效生产的基础。据不完全统计,我国煤矿每年新掘进巷道总长达 12 000 km,80％以上新掘进巷道是煤巷与半煤岩巷,巷道工程规模巨大,对煤矿安全、产量与效益有显著影响。传统煤巷矿压理论与控制技术已经不能适应剧烈采动煤巷工程条件和保障煤巷安全畅通的控制要求。过高的支护强度大大降低了成巷掘进速度,采掘比例失调,严重影响着矿井的正常生产。因此,巷道支护理论与技术一直是煤矿岩层控制的核心研究内容之一。

本书运用采矿学、岩体力学、矿山压力与岩层控制理论、现代锚杆支护技术、系统工程等知识,采用理论分析与工业试验相结合、实验室测试与现场测试相结合、相似材料模拟与数值模拟相结合的研究方法,对禾草沟煤矿采动影响下支护技术理论与应用进行研究。全书共分为七个部分,主要内容如下。

第一部分:矿井概况和煤层及顶、底板物理力学参数测试。介绍禾草沟煤矿概况,并通过实验室测试,获得煤层、直接顶和底板的物理力学参数,为项目实施过程中的理论分析、相似模拟、数值计算和围岩稳定性分类提供基础数据。

第二部分:禾草沟煤矿现支护方案效果评价。通过对禾草沟煤矿现开拓巷道和回采巷道进行矿压观测,对开拓巷道和回采巷道进行评价,并对区段煤柱合理尺寸进行计算与分析;通过理论分析和数值模拟,分析煤层原岩应力场分布规律及特点,并对不同推采进度下的平巷变形和破坏规律进行研究。

第三部分:矿井地应力研究。在矿井开拓巷道中选取测点进行矿井地应力测试,采用应力解除法进行地应力测量,从而确定矿井主应力的大小和方向,为开拓巷道及回采巷道布置方向提供理论依据。

第四部分:巷道支护动态设计与优化。选取井下新掘巷道进行围岩松动圈测试,通过超声波围岩裂隙探测仪测定数据,测定巷道围岩松动圈的范围,为巷道支护参数设计与评价提供依据。根据井田内工作面顶板赋存特征,选取合适的支护设计理论对支护方案进行设计优化,并通过现场工业试验,对采用优化支护方案的巷道围岩进行监测分析和支护效果评价。

第五部分:巷道闭环支护理论体系和工作面控制体系研究。根据支护设计过程,以地应力测量、松动圈测试、岩石力学性质测试为基础,以现代支护理论为依据,以数值模拟分析和现场应用监测反馈为方法,以保证巷道围岩稳定为目标,进行支护参数设计与优化,形成设计→模拟→应用→监测分析→反馈→修正设计的体系,建立技术可行、安全可靠和经济合理的巷道闭环支护理论体系。

第六部分:回采覆岩破断规律和运移特征及"竖三带"和"横三区"研究。采用理论计算、相似材料模拟和数值模拟相结合的方法,研究上覆岩层的破坏形式,确定岩层的破坏移动规律及"竖三带"的范围,为确定工作面支架的支撑力提供依据。采用相似材料模拟、数值模拟结合现场实测煤壁超前支承压力相结合的方法,确定工作面"横三区"范围,为采场稳定性研究提供理论依据。

第七部分:禾草沟煤矿工作面支护体系分析。采用理论计算和现场观测的方法对禾草沟煤矿50205综采工作面矿压显现规律进行研究;对液压支架选型原则及支架与围岩的关系进行分析,同时,针对50205综采工作面的赋存条件对工作面支护方案进行液压支架选型设计。

在本书的写作过程中,参阅了国内外众多学者和专家的著述及资料,在此表示衷心感谢!

由于作者水平所限,书中难免存在一些缺点和错误,敬请各位读者和同行、专家批评指正。

王慧林、张大明

2022 年 5 月于徐州

目 录

1 绪　　论

1.1　矿井概况

延安市禾草沟煤业有限公司是延安车村煤业集团与中煤能源集团有限公司以均股形式合作建设的,集煤炭生产、洗选、销售于一体的大型现代化企业,矿井位于陕西省延安市子长市寺湾乡后滴哨村,是延安市重点建设项目。

禾草沟煤矿矿井年产量 500 万 t,煤质具有低-中灰、低硫、低磷、高黏结、产气率高(焦油含量达到 16%)等特点,属稀有气化煤种,可作为优质的炼焦配煤。矿井与子安公路相连,神延铁路、包茂高速、210 国道从矿区附近穿过,交通条件极为便利。

矿井井田面积 83.70 km²,可采储量 16 948 万 t,主要可采煤层 2 层(5#煤和3-2#煤),煤层平均厚度 2.19 m。矿井采用中央并列式两个水平斜井开拓,共布置三条井筒,矿井采用带式输送机运煤,无轨胶轮车运送人员、设备、材料。

矿井水文地质勘探类型确定为以裂隙充水为主的水文地质条件简单类型。本矿井为低瓦斯矿井,煤层自燃等级分类为Ⅱ类自燃,煤尘具有爆炸危险性。

井田地质构造简单,总体构造形态为一向西缓倾的单斜构造,倾角 1°～3°,局部发育有宽缓的波状起伏。区内构造复杂程度确定为简单类。5#煤层直接顶板在区内主要为油页岩,局部为粉砂岩。5#煤层底板以泥质粉砂岩和泥岩为主,个别底板为细粒砂岩和中粒砂岩。3-2#煤层顶板以粉砂岩、细粒砂岩为主,底板以粉砂岩、泥质粉砂岩为主,次为细粒砂岩和泥岩,岩石致密、完整,裂隙不发育。

1.2　采掘概况

矿井实现了综合机械自动化采煤,配备 2 个综采工作面、4 个综掘工作面,工作面长度为 300 m。

现矿井开采 5# 煤,采用一次采全高中厚煤层滚筒采煤机长壁综采采煤法。综采工作面使用双滚筒采煤机落煤、装煤;使用刮板输送机、带式输送机运煤;采用掩护式液压支架支护顶板;上、下端头支护采用端头支架;工作面巷道超前支护采用单体液压支柱与铰接顶梁;采用全部垮落法管理顶板。

综掘工作面使用综掘机落煤、装煤,带式输送机运煤。临时支护采用架临时棚,回采巷道使用锚网索、钢带联合支护。开拓巷道使用锚网索、梯子梁联合支护,巷道全断面进行喷浆。

(1)开拓巷道参数

5# 煤大巷断面为半圆拱形,辅运大巷掘进宽度 5 740 mm,掘进高度 4 770 mm,掘进断面 23.8 m²;回风大巷掘进宽度 5 740 mm,掘进高度 4 270 mm,掘进断面 21.0 m²;胶运大巷掘进宽度 5 040 mm,掘进高度 4 070 mm,掘进断面17.8 m²。

大巷全断面采用 ϕ20 mm×2 400 mm 的Ⅱ级无纵筋螺纹钢锚杆,间排距为 900 mm×900 mm;托盘采用 Q235 钢板,规格为 150 mm×150 mm×12 mm;锚索采用规格为 ϕ21.6 mm×7 900 mm 的钢绞线,间排距为 1 600 mm×1 800 mm;每根锚索使用 3 卷 MSCK28/50 型树脂药卷,锚索托盘采用 Q235 钢板(300 mm×300 mm×16 mm)+ ϕ18 mm 圆钢(3 600 mm×150 mm)梯子梁,采用"3+3"矩形布置。金属网采用规格 ϕ6.5 mm×2 000 mm×1 000 mm 钢筋制作,搭接长度 100 mm,全断面挂网。喷射混凝土厚度 120 mm,强度等级 C20。

(2)回采巷道支护参数

巷道断面为圆弧断面,宽度为 5 200 mm,高度为 3 000 mm,掘进断面为14.91 m²。

顶部锚杆采用 ϕ20 mm×2 400 mm 左螺旋无纵筋螺纹钢锚杆,每排 6 根锚杆,间排距为 900 mm×900 mm。锚索采用 ϕ21.6 mm×7 900 mm 钢绞线,锚索按"三一三"形式布置,锚索间排距为 1 500 mm×1 350 mm。正帮采用 ϕ22 mm×1 800 mm 的玻璃钢锚杆,3 排"五花"布置,间排距为 1 200 mm×900 mm,全断面挂矿用双抗塑料网;副帮打 3 排金属锚杆,"五花"布置,间排距 1 200 mm×900 mm,全断面挂金属网。

1.3 研究目标、内容及技术路线

1.3.1 研究目标

本书以禾草沟煤矿采煤工作面和井下巷道为研究对象,以采动影响下工作

面和巷道支护存在的技术关键和技术难点为主要研究内容,开展禾草沟煤矿采动影响下支护技术理论与应用研究,达到以下目标:

(1)获得禾草沟煤矿采煤工作面上覆岩层破断机理与运移规律、矿压特点与显现规律,确定工作面支架-围岩相互作用关系,提出禾草沟煤矿工作面支护的关键理论,建立采煤工作面围岩控制体系。

(2)在地应力、煤岩物理力学参数、围岩松动圈测试以及矿压观测的基础上,根据巷道锚杆支护理论,提出禾草沟煤矿巷道支护动态设计方法,建立闭环锚杆支护技术体系,优化巷道支护方案及参数,在保证安全的前提下节约巷道支护成本。

1.3.2 研究内容

运用采矿学、岩体力学、矿山压力与岩层控制、现代锚杆支护技术、系统工程等理论知识,采用理论分析与工业试验相结合、实验室测试与现场测试相结合、相似材料模拟与数值模拟相结合的研究方法,对禾草沟煤矿采动影响下支护技术理论与应用进行研究,主要研究内容如下:

(1)煤层及顶、底板物理力学参数测试

通过现场调研取样、实验室测试,获得煤层、直接顶、基本顶、底板物理力学参数,主要内容包括抗压强度、抗拉强度、泊松比、内摩擦角、黏聚力、弹性模量等,为后续理论分析、相似模拟、数值计算和围岩稳定性分类提供基础数据。

(2)禾草沟煤矿现支护方案效果评价

通过对禾草沟煤矿现开拓巷道和回采巷道进行矿压观测和计算机模拟,分析现巷道的支护效果,并研究在采动影响下,不同煤柱尺寸、推采进度、埋藏深度、地形地貌等条件下平巷的变形和破坏规律及特点。

(3)矿井地应力研究

在矿井开拓巷道中选取测点进行矿井地应力测试,采用应力解除法进行地应力测量,从而确定矿井主应力的大小和方向,为开拓巷道及回采巷道布置方向提供理论依据。

采用应力解除测量设备在两个近水平相互垂直测量孔进行应力解除,得到解除曲线,同时记录测量钻孔方位角、倾角点。利用应力解除前后测得的变形和应变差值,按照弹性理论推导出的公式,计算出主应力的大小和方向,并得到主应力与埋深的关系曲线。

(4)巷道支护动态设计与优化

通过设计巷道围岩松动圈测试方案,选取井下新掘巷道进行围岩松动圈测试,通过超声波围岩裂隙探测仪测定数据,绘制出每个钻孔长度上波速-孔深曲线或者时间-孔深曲线,曲线中波速或时间变化最大的孔深,即为围岩松动圈的尺寸。测定巷道围岩松动圈的范围,为巷道支护参数设计与评价提供依据。

对井田内工作面顶板稳定性进行研究,对支护按不同区域进行设计,提出支护方案、支护设计理论依据。通过优化支护方案在生产实际中的运用,及时监测分析、评价支护效果和改进方案。

(5) 巷道闭环支护理论体系

根据支护设计过程,以地应力测量、松动圈测试、岩石力学性质测试为基础,以现代支护理论为依据,以数值模拟分析和现场应用监测反馈为方法,以保证巷道围岩稳定为目标,进行支护参数设计与优化,形成设计→模拟→应用→监测分析→反馈→修正设计的体系,建立技术可行、安全可靠和经济合理的巷道闭环支护理论体系。

(6) 回采覆岩破断规律和运移特征及"竖三带"和"横三区"研究

采用相似材料模拟和数值模拟相结合的方法,研究上覆岩层的破坏形式。采用现场深部位移点测试、相似材料模拟和数值模拟相结合的方法,确定岩层的破坏移动规律及"竖三带"的范围,为确定工作面支架的支撑力提供依据。采用相似材料模拟、数值模拟结合现场实测煤壁超前支承压力的方法,确定工作面"横三区"范围,为采场稳定性研究提供理论依据。

(7) 禾草沟煤矿工作面支护体系

将整个工作面支架支护作为一个整体进行研究,研究工作面液压支架、端头支架、超前支架与围岩相互作用的关系,分析影响各类支架选型时的各种因素,综合考虑顶底板围岩类型、矿压规律、煤层的厚度与倾角、支架的支撑能力、支架的适应性等进行支护方案设计。

1.3.3 技术路线

根据项目的主要研究内容,采用现场调研、理论分析、实验室测试、数值模拟相结合的研究方法,开展禾草沟煤矿采动影响下支护技术理论与应用研究,具体技术路线如图 1-1 所示。

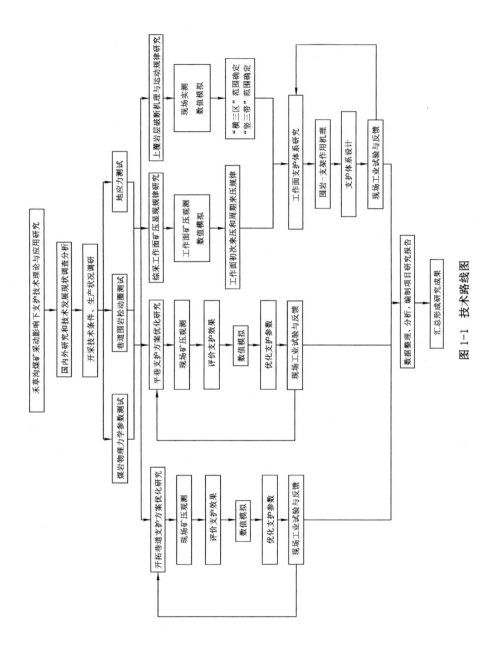

图 1-1　技术路线图

2 煤岩力学参数测试及围岩稳定性分类

2.1 煤岩层取样要求

为了掌握禾草沟煤矿 5# 煤层(501 盘区和 502 盘区)及顶板岩层的分布情况、力学性质,提供巷道围岩稳定性分类的影响因素及分类指标,形成 5# 煤层回采巷道分类方案,同时也为后续的数值模拟计算及支护优化设计提供相关参考依据。根据禾草沟煤矿 5# 煤层的生产地质条件及巷道布置情况,在现场调研和分析项目研究所需的基础上,确定煤岩层取样方案,使其能合理反映 5# 煤层(501 盘区和 502 盘区)及顶板岩层的物理力学特征。

(1)顶板岩芯取样地点的选取应满足的条件

① 取样地点 50 m 范围内没有断层破碎带等地质构造;

② 取样地点的顶板条件较好,没有出现由于掘进造成的破碎离层等现象;

③ 取样地点的选择应尽量减小对工作面生产的影响。

(2)煤层及顶板岩层取样要求

① 在取样过程中,应使试样原有的结构和状态尽可能不受破坏,以最大限度保持岩样原有的物理力学性质;

② 所取岩芯规格直径不小于 50 mm,岩芯长度为 1 m;

③ 取样时应有专人做好煤岩样描述记录和编号工作;

④ 岩样的数量应满足试件制作的需要;

⑤ 煤岩样取出后应用塑料袋扎紧,封闭装好,避免外部环境对岩样的影响;

⑥ 把取好的岩芯和煤样放入木箱中,用锯末填充剩余空间,然后用铁丝捆绑并密封,运送到实验室进行物理力学参数测试。

2.2 煤岩样试件加工

(1)单轴抗压强度试验煤岩样加工

按照国内有关试验规程规定,抗压试验应采用直径或边长为 50 mm、高径比为 2 的标准试件。用岩石切割机把煤岩样加工成边长为 50 mm 的煤岩方柱体，然后用 HJD-150 型混凝土锯切机按照 100 mm 的长度切割煤岩样，最后用 SCM200 双端面磨平机将煤岩样两端打磨得光滑平整。按规程要求标准试件为方柱体，边长为 50 mm，允许变化范围为 48～52 mm；高度为 100 mm，允许变化范围为 95～105 mm。试样两端面不平行度不得大于 0.1 mm；端面应垂直于试样轴线，最大偏差不超过 0.25°。加工过程及成品试样如图 2-1 至图 2-3 所示。

(a) 煤岩样切割 　　　　　　　　　　(b) 煤岩样取芯

图 2-1 煤岩试件加工过程

图 2-2 煤样试件 　　　　　　　　　　图 2-3 岩样试件

（2）抗拉强度试验煤岩样加工

利用 ZS-100 型全自动岩石钻孔机把煤岩样加工成直径为 50 mm 的煤岩芯，然后用 HJD-150 型混凝土锯切机按照 25 mm 的长度切割煤岩样，试样尺寸允许变化范围不宜超过 5%，最后用 SCM200 双端面磨平机将煤岩样两端打磨得光滑平整。在试样整个厚度上，直径误差不得超过 0.1 mm；试样两端面不平行度不得大于0.1 mm；端面应垂直于试样轴线，最大偏差不超过 0.25°。

2.3　煤岩物理参数测定

煤岩物理指标包括:真密度、天然视密度、天然含水率和煤岩的坚固性系数。

(1)煤岩真密度指标测定

煤岩真密度指标测定采用国家标准《煤和岩石物理力学性质测定方法 第2部分:煤和岩石真密度测定方法》(GB/T 23561.2—2009),测定过程见图2-4,501盘区和502盘区煤岩真密度测定结果见表2-1和表2-2。

图 2-4　真密度测定过程

表 2-1　501 盘区煤岩真密度测定结果

岩石名称	序号	试样质量 M/g	瓶+样+满水合重 M_1/g	瓶+满水合重 M_2/g	试样真密度 /(kg/m³)	平均真密度 /(kg/m³)
501 盘区 5# 煤顶板	1	15.02	148.25	139.15	2 537	2 559
	2	15.04	147.16	138.17	2 486	
	3	15.08	147.19	137.79	2 655	
501 盘区 5# 煤	1	15.07	143.55	138.64	1 483	1 475
	2	15.16	144.95	140.18	1 459	
	3	15.24	144.53	139.56	1 484	
501 盘区 5# 煤底板	1	15.22	149.24	139.86	2 606	2 628
	2	15.08	152.61	143.28	2 623	
	3	15.11	148.86	139.44	2 656	

注:试验过程中,比重瓶需要煮沸,所以 $M_1 \neq M + M_2$。

表 2-2　502 盘区煤岩真密度测定结果

岩石名称	序号	试样质量 M/g	瓶＋样＋满水合重 M_1/g	瓶＋满水合重 M_2/g	试样真密度 /(kg/m³)	平均真密度 /(kg/m³)
502 盘区 5#煤顶板	1	15.40	147.15	137.82	2 537	
	2	15.27	146.78	137.47	2 562	2 544
	3	15.05	146.42	137.31	2 534	
502 盘区 5#煤	1	15.00	142.75	137.97	1 468	
	2	15.27	145.86	140.96	1 473	1 469
	3	15.02	144.13	139.35	1 467	
502 盘区 5#煤底板	1	15.07	148.89	139.61	2 603	
	2	15.15	152.87	143.56	2 594	2 603
	3	15.09	149.04	139.73	2 611	

（2）煤岩天然视密度指标测定

煤岩天然视密度指标测定采用国家标准《煤和岩石物理力学性质测定方法 第 11 部分：煤和岩石抗剪强度测定方法》（GB/T 23561.11—2010），测定结果见表 2-3 和表 2-4。

表 2-3　501 盘区煤岩天然视密度测定结果

岩石名称	序号	试件尺寸			试件质量 G/g	天然视密度 /(kg/m³)	平均天然视密度/(kg/m³)
		长/cm	宽/cm	高/cm			
501 盘区 5#煤顶板	1	5.12	5.05	10.05	616.24	2 371	
	2	5.07	5.1	9.98	615.04	2 383	2 382
	3	5.06	5.05	9.98	610.08	2 392	
501 盘区 5#煤	1	5.08	5.06	9.98	341.26	1 330	
	2	5.06	5.1	9.96	340.74	1 325	1 328
	3	5.05	5.06	10.06	341.98	1 330	
501 盘区 5#煤底板	1	5.05	5.04	10.06	644.29	2 516	
	2	5.06	5.02	9.96	635.42	2 512	2 498
	3	5.08	5.08	10.08	641.84	2 467	

表 2-4　502 盘区煤岩天然视密度测定结果

岩石名称	序号	试件尺寸			试件质量 G/g	天然视密度 /(kg/m³)	平均天然视密度/(kg/m³)
		长/cm	宽/cm	高/cm			
502 盘区 5# 煤顶板	1	5.17	4.95	9.95	604.49	2 374	2 370
	2	5.17	5.00	9.95	605.34	2 354	
	3	5.08	5.02	9.92	602.21	2 381	
502 盘区 5# 煤	1	5.15	5.05	9.90	337.2	1 310	1 321
	2	5.05	5.03	9.95	335.0	1 325	
	3	5.02	5.02	9.96	333.6	1 329	
502 盘区 5# 煤底板	1	5.00	4.97	10.05	625.59	2 505	2 486
	2	5.05	5	9.95	618.29	2 461	
	3	5.03	4.98	10.02	625.52	2 492	

（3）煤岩天然含水率指标测定

煤岩天然含水率指标测定采用国家标准《煤和岩石物理力学性质测定方法 第 6 部分：煤和岩石含水率测定方法》（GB/T 23561.6—2009），测定过程如图 2-5 所示，测定结果见表 2-5 和表 2-6。

图 2-5　煤岩含水率测定过程

表 2-5　501 盘区煤岩天然含水率测定结果

岩石名称	序号	天然试件质量/g	烘干后质量/g	含水率/%	平均含水率/%
501 盘区 5# 煤顶板	1	50.21	49.06	2.29	2.14
	2	50.16	49.21	1.89	
	3	50.22	49.09	2.25	
501 盘区 5# 煤	1	50.19	49.04	2.29	2.43
	2	50.23	48.93	2.59	
	3	50.08	48.88	2.40	

表 2-5(续)

岩石名称	序号	天然试件质量/g	烘干后质量/g	含水率/%	平均含水率/%
501 盘区 5#煤底板	1	50.06	48.86	2.40	
	2	50.35	49.12	2.44	2.45
	3	50.37	49.11	2.50	

表 2-6　502 盘区煤岩天然含水率测定结果

岩石名称	序号	天然试件质量/g	烘干后质量/g	含水率/%	平均含水率/%
502 盘区 5#煤顶板	1	50.15	49.12	2.05	
	2	50.36	49.29	2.12	2.06
	3	50.06	49.05	2.02	
502 盘区 5#煤	1	50.39	49.23	2.30	
	2	50.27	49.08	2.37	2.32
	3	50.18	49.03	2.29	
502 盘区 5#煤底板	1	50.15	48.97	2.35	
	2	50.65	49.46	2.35	2.36
	3	50.44	49.24	2.38	

（4）煤岩坚固性系数测定

煤岩坚固性系数测定采用国家标准《煤和岩石物理力学性质测定方法 第 12 部分：煤的坚固性系数测定方法》（GB/T 23561.12—2010），测定装置如图 2-6 所示，测定结果见表 2-7 和表 2-8。

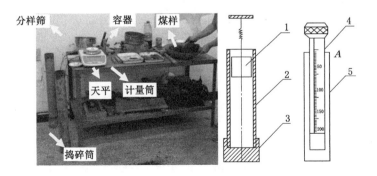

1—重锤；2—筒体；3—筒底；4—活塞尺；5—量筒。

图 2-6　煤岩坚固性系数测定装置

表 2-7　501 盘区煤岩坚固性系数测定结果

名称	试样编号	冲击次数 n	煤岩粉的计量高度/mm	坚固性系数 f	f 的平均值
501 盘区 5# 煤顶板	1	3	14	4.29	3.94
	2	3	17	3.53	
	3	3	15	4.00	
501 盘区 5# 煤	1	3	37	1.62	1.62
	2	3	38	1.58	
	3	3	36	1.67	
501 盘区 5# 煤底板	1	3	17	3.53	3.41
	2	3	19	3.16	
	3	3	17	3.53	

表 2-8　502 盘区煤岩坚固性系数测定结果

名称	试样编号	冲击次数 n	煤岩粉的计量高度/mm	坚固性系数 f	f 的平均值
502 盘区 5# 煤顶板	1	3	17	3.53	3.69
	2	3	15	4.00	
	3	3	17	3.53	
502 盘区 5# 煤	1	3	41	1.46	1.51
	2	3	40	1.50	
	3	3	38	1.58	
502 盘区 5# 煤底板	1	3	19	3.16	3.23
	2	3	17	3.53	
	3	3	20	3.00	

2.4　煤岩力学参数测定

2.4.1　煤岩样试验力学参数计算

本次试验涉及的内容有:煤岩的单轴压缩与变形试验、煤岩劈裂试验和煤岩直接剪切试验,试验工作严格依据行业标准《水利水电工程岩石试验规程》(SL 264—2001)进行。

(1)煤岩的单轴压缩与变形计算:

$$\sigma_c = P_{\max}/A$$

$$E = \sigma_c(50)/\varepsilon_h(50)$$

$$\mu = \varepsilon_d(50)/\varepsilon_h(50)$$

式中　σ_c——煤岩单轴抗压强度，MPa；

　　　P_{max}——煤岩试件最大破坏载荷，N；

　　　A——试件受压面积，mm^2；

　　　E——试件弹性模量，GPa；

　　　$\sigma_c(50)$——试件单轴抗压强度的 50%，MPa；

　　　$\varepsilon_d(50)$、$\varepsilon_h(50)$——分别为 $\sigma_c(50)$ 处对应的轴向压缩应变和径向拉伸应变；

　　　μ——泊松比。

（2）煤岩劈裂试验计算：

$$\sigma_t = 2P_{max}/(\pi D H)$$

式中　σ_t——煤岩抗拉强度，MPa；

　　　P_{max}——破坏载荷，N；

　　　D——试件的直径，mm；

　　　H——试件的高度，mm。

（3）煤岩直接剪切试验抗剪强度计算：

$$\sigma = P\sin\alpha/A$$

$$\tau = P\cos\alpha/A$$

$$\tau = \sigma\tan\phi + C$$

式中　σ——正应力，MPa；

　　　τ——抗剪强度，MPa；

　　　P——煤岩试件最大破坏载荷，N；

　　　α——夹具剪切角，(°)；

　　　A——试件剪切面积，mm^2；

　　　ϕ——试件的内摩擦角，(°)；

　　　C——试件的黏聚力，MPa。

2.4.2　煤岩抗压强度测定

（1）主要仪器设备

WEP-600 屏显万能试验机；600 kN 压力传感器；7V14 程序控制记录仪。

（2）试验前准备工作

根据岩体测试技术原理，在进行单轴压缩试验前，首先用 HY-914 快速粘结剂在圆柱体煤岩样试件表面贴两组呈 180°分布的应变片，每组应变片含一对相互垂直的应变片，一个沿圆柱体轴向，用于测试单轴压缩时试件的纵向应变，一个垂直于圆柱体轴向,用于测试单轴压缩时试件的横向应变,每个应变片的电阻值为 120 Ω,并用胶带把贴好的应变片固定在圆柱体表面上,然后用白色导线把沿圆柱体轴向的应变片串联起来,用电烙铁熔化焊锡焊接接线处,并伸出两个接线头;用红色导线把垂直于轴向的应变片串联起来,用电烙铁熔化焊锡焊接接线处,并伸出两个接线头,然后用胶带把所有外露接线点包裹并固定好,最后用电阻表测量连好的电桥电阻,若电阻值为 240 Ω,则说明电路正常,否则检查应变片及电桥连接。

(3)单轴压缩试验步骤

① 将试样置于试验机承压板中心,调整球形座,使之均匀受载(图 2-7)。

图 2-7 单轴压缩试验(加载前)

② 以每秒 0.5~1.0 MPa 的加载速度加载(图 2-8),直至试样破坏,记录破坏(最大)载荷(图 2-9)及相应曲线。

图 2-8 单轴压缩试验(加载中)

③ 描述试样破坏后的形态,并计算岩石的单轴抗压强度。

(4)煤岩单向抗压强度测定

图 2-9 单轴压缩试验结果记录

其测定结果见表 2-9 和表 2-10。

表 2-9 501 盘区煤岩单向抗压强度测定结果

岩石名称	序号	试件尺寸			破坏载荷/kN	单向抗压强度/MPa	平均抗压强度/MPa
		长/cm	宽/cm	高/cm			
501 盘区 5#煤顶板	1	5.12	4.98	9.98	102.8	40.39	39.81
	2	5.1	5.02	9.96	92.9	36.43	
	3	5.08	4.99	9.97	107.8	42.62	
501 盘区 5#煤	1	5.08	5.04	10.12	33.8	13.04	16.49
	2	5.13	5.02	10.01	47.2	18.31	
	3	4.98	4.98	10.08	45.3	18.12	
501 盘区 5#煤底板	1	4.99	5.04	10.12	74.8	29.39	34.86
	2	5.08	5.02	9.96	93.9	36.97	
	3	5.06	4.99	10.08	97.3	38.23	

表 2-10 502 盘区煤岩单向抗压强度测定结果

岩石名称	序号	试件尺寸			破坏载荷/kN	单向抗压强度/MPa	平均抗压强度/MPa
		长/cm	宽/cm	高/cm			
502 盘区 5#煤顶板	1	5.17	4.95	9.95	106.0	41.63	37.36
	2	5.17	5.00	9.95	82.4	32.04	
	3	5.10	4.98	9.96	97.2	38.42	

表 2-10(续)

岩石名称	序号	试件尺寸			破坏载荷/kN	单向抗压强度/MPa	平均抗压强度/MPa
		长/cm	宽/cm	高/cm			
502 盘区 5# 煤	1	5.05	4.99	10.2	43.8	17.04	15.92
	2	5.03	5.02	10.11	43.3	16.96	
	3	4.93	4.94	10.05	33.7	13.767	
502 盘区 5# 煤底板	1	4.97	5.00	10.05	97.3	38.96	32.20
	2	5.05	5.00	9.95	60.9	24.24	
	3	5.02	4.98	9.98	83.3	33.39	

2.4.3　煤岩抗拉强度测定

（1）主要仪器设备

劈裂法试验夹具与 WEP-600 屏显万能试验机。

（2）煤岩抗拉强度试验步骤

① 通过试件直径的两端,在试件的侧面沿轴线方向画两条加载基线,将两根垫条沿加载基线固定,对于坚硬或较坚硬岩石应选用直径 1 mm 的钢丝为垫条,对于软弱或较软弱岩石应选用宽度与试件直径之比为 0.08～0.1 的硬纸板或胶木板为垫条。

② 将试样置于试验机承压板中心,调整球形座,使试件均匀受力,作用力通过两垫条所确定的平面(图 2-10)。

图 2-10　抗拉强度试验

③ 以每秒 0.1～0.3 MPa 的加载速度加载,直至试样破坏,软弱或较软弱岩石应适当降低加载速度。

④ 试件最终应通过两垫条所确定的平面破坏,否则应视为无效试验。

⑤ 观察试样在受载过程中的破坏发展过程,并记录试样的破坏形态。

（3）煤岩单向抗拉强度测定

其测定结果见表 2-11 和表 2-12。

表 2-11　501 盘区煤岩单向抗拉强度测定结果

岩石名称	序号	试件尺寸		破坏载荷/kN	单向抗拉强度/MPa	平均单向抗拉强度/MPa
		直径/cm	厚度/cm			
501 盘区 5# 煤顶板	1	5.08	2.48	4.32	2.18	2.42
	2	5.1	2.52	4.72	2.34	
	3	5.08	2.5	5.45	2.73	
501 盘区 5# 煤	1	5.06	2.52	1.63	0.81	0.88
	2	5.06	2.56	1.94	0.95	
	3	5.04	2.48	1.73	0.88	
501 盘区 5# 煤底板	1	5.04	2.52	3.34	1.67	2.28
	2	5.06	2.48	4.63	2.34	
	3	5.08	2.54	5.74	2.83	

表 2-12　502 盘区煤岩单向抗拉强度测定结果

岩石名称	序号	试件尺寸		破坏载荷/kN	单向抗拉强度/MPa	平均单向抗拉强度/MPa
		直径/cm	厚度/cm			
502 盘区 5# 煤顶板	1	4.98	2.51	3.81	1.94	2.09
	2	4.96	2.49	4.12	2.12	
	3	4.97	2.52	4.33	2.20	
502 盘区 5# 煤	1	4.98	2.48	1.23	0.63	0.61
	2	5.01	2.52	1.14	0.57	
	3	4.96	2.49	1.23	0.63	
502 盘区 5# 煤底板	1	5.08	2.51	2.93	1.46	1.70
	2	4.96	2.50	3.43	1.76	
	3	5.10	2.50	3.74	1.87	

2.4.4　煤岩抗剪强度测定

（1）主要仪器设备

WEP-600 屏显万能试验机;变角剪切试件夹具 3 套(40°、50°、60°)。

（2）煤岩抗剪试验步骤

① 安装试样：将变角剪切试件夹具固定在压力机承压板间，应注意使夹具的中心与压力机的中心线重合，然后调整夹具上的夹板螺丝，使刻度达到所要求的角度，将试样安装于变角板内。

② 加载：开动压力机，同时降低压力机横梁，使剪切夹具与压力机承压板接触上，然后调整压力表指针到零点，以每秒 0.5～0.8 MPa 的加载速度加载，直至试样破坏，记录破坏荷载。

③ 破坏试样描述：升起压力机横梁，取出被剪破的试样进行描述，内容包括破坏面的形态及破坏情况等。

④ 重复试验：切换变角剪切试件夹具的角度，重复进行试验，取得不同角度下的破坏载荷。

（3）煤岩单向抗剪强度测定

501 盘区煤岩抗剪试验计算结果见表 2-13 至表 2-15，502 盘区煤岩抗剪试验计算结果见表 2-16 至表 2-18。

表 2-13 抗剪强度试验计算结果（501 盘区 5# 煤）

试件编号	直径 D/mm	高度 H/mm	剪切角 α/(°)	破坏载荷 P/ kN	正应力 σ/MPa	剪应力 τ/MPa
501-1	50.27	50.41	40	25.52	7.71	6.47
501-2	50.36	50.42	40	24.95	7.53	6.31
平均					7.62	6.39
501-3	50.18	50.35	50	16.84	4.29	5.10
501-4	50.34	50.22	50	15.82	4.02	4.79
平均					4.16	4.95
501-5	51.14	50.52	60	9.26	1.79	3.10
501-6	51.15	51.38	60	10.24	1.95	3.37
平均					1.87	3.24
抗剪强度指标	试件数 $N=6$			内摩擦角 $\phi=28°32'$		
	相关系数=0.969			黏聚力 $C=2.41$ MPa		

表 2-14 抗剪强度试验计算结果（501 盘区 5# 煤顶板）

试件编号	直径 D/mm	高度 H/mm	剪切角 α/(°)	破坏载荷 P/ kN	正应力 σ/MPa	剪应力 τ/MPa
501 顶 1	50.55	50.54	40	49.58	14.87	12.47
501 顶 2	50.46	50.64	40	51.84	15.55	13.03

表 2-14(续)

试件编号	直径 D/mm	高度 H/mm	剪切角 α/(°)	破坏载荷 P/kN	正应力 σ/MPa	剪应力 τ/MPa
平均					15.21	12.75
501 顶 3	50.10	50.83	50	27.94	6.85	8.16
501 顶 4	50.27	50.43	50	25.80	7.51	8.95
平均					7.18	8.56
501 顶 5	50.69	50.32	60	16.12	3.81	6.59
501 顶 6	50.01	51.18	60	17.42	3.69	6.38
平均					3.75	6.49
抗剪强度指标	试件数 N=6				内摩擦角 φ=28°56′	
	相关系数=0.996				黏聚力 C=4.52 MPa	

表 2-15　抗剪强度试验计算结果(501 盘区 5# 煤底板)

试件编号	直径 D/mm	高度 H/mm	剪切角 α/(°)	破坏载荷 P/kN	正应力 σ/MPa	剪应力 τ/MPa
501-7	50.46	50.75	40	45.28	13.55	11.36
501-8	50.58	50.46	40	47.22	14.18	11.88
平均				13.87	13.87	11.62
501-9	50.62	50.82	50	25.17	6.29	7.49
501-10	50.48	50.88	50	22.26	5.57	6.64
平均					5.93	7.07
501-11	50.54	50.47	60	17.56	3.45	5.96
501-12	50.47	50.54	60	16.81	3.30	5.71
平均					3.38	5.84
抗剪强度指标	试件数 N=6				内摩擦角 φ=29°22′	
	相关系数=0.995				黏聚力 C=3.85 MPa	

表 2-16　抗剪强度试验计算结果(502 盘区 5# 煤)

试件编号	直径 D/mm	高度 H/mm	剪切角 α/(°)	破坏载荷 P/kN	正应力 σ/MPa	剪应力 τ/MPa
502-1	50.34	50.71	40	23.96	7.19	6.03
502-2	50.37	50.44	40	22.48	6.78	5.69

表 2-16(续)

试件编号	直径 D/mm	高度 H/mm	剪切角 α/(°)	破坏载荷 P/kN	正应力 σ/MPa	剪应力 τ/MPa
平均					6.985	5.86
502-3	50.26	50.77	50	15.69	3.95	4.71
502-4	50.23	50.09	50	14.4	3.68	4.38
平均					3.815	4.545
502-5	51.02	50.83	60	7.06	1.36	2.36
502-6	51.07	51.43	60	8.94	1.70	2.95
平均					1.53	2.655
抗剪强度指标	试件数 $N=6$			内摩擦角 $\phi=30°15'$		
	相关系数$=0.953$			黏聚力 $C=1.96$ MPa		

表 2-17 抗剪强度试验计算结果(502 盘区 5# 煤顶板)

试件编号	直径 D/mm	高度 H/mm	剪切角 α/(°)	破坏载荷 P/kN	正应力 σ/MPa	剪应力 τ/MPa
502 顶 1	50.64	50.71	40	47.46	14.16	11.87
502 顶 2	50.37	51.44	40	49.72	14.70	12.33
平均					14.43	12.1
502 顶 3	50.10	50.83	50	27.94	7.06	8.40
502 顶 4	50.27	50.43	50	25.80	6.55	7.79
平均					6.81	8.10
502 顶 5	50.69	50.32	60	16.12	3.16	5.47
502 顶 6	50.01	51.18	60	17.42	3.41	5.89
平均					3.29	5.68
抗剪强度指标	试件数 $N=6$			内摩擦角 $\phi=29°63'$		
	相关系数$=0.993$			黏聚力 $C=3.98$ MPa		

表 2-18 抗剪强度试验计算结果(502 盘区 5# 煤底板)

试件编号	直径 D/mm	高度 H/mm	剪切角 α/(°)	破坏载荷 P/kN	正应力 σ/MPa	剪应力 τ/MPa
502-7	51.29	51.81	40	44.54	12.84	10.77
502-8	50.88	50.09	40	42.49	12.78	10.71

表 2-18(续)

试件 编号	直径 D/mm	高度 H/mm	剪切角 α/(°)	破坏载荷 P/kN	正应力 σ/MPa	剪应力 τ/MPa
平均					12.81	10.74
502-9	51.95	50.23	50	23.26	5.73	6.83
502-10	52.06	51.38	50	19.41	4.67	5.56
平均					5.2	6.20
502-11	51.00	50.00	60	13.99	2.75	4.75
502-12	50.17	51.94	60	15.2	2.92	5.05
平均					2.84	4.9
抗剪强度指标	试件数 $N=6$			内摩擦角 $\phi=30°62'$		
	相关系数$=0.994$			黏聚力 $C=3.17$ MPa		

2.4.5　煤岩弹性模量、泊松比测定

煤岩弹性模量、泊松比测定采用国家标准《煤和岩石物理力学性质测定方法 第 8 部分:煤和岩石变形参数测定方法》(GB/T 23561.8—2009),测定结果见表 2-19 和表 2-20。

表 2-19　501 盘区煤岩弹性模量、泊松比测定结果

岩石 名称	序号	试件尺寸			弹性模量 /MPa	泊松比 μ	平均弹性模量 /MPa	平均泊松比
		长/cm	宽/cm	高/cm				
501 盘区 煤顶板	1	5.08	5.02	10.12	17 900	0.26	17 700	0.26
	2	5.06	5.05	10.08	16 900	0.25		
	3	5.06	5.04	10.06	18 300	0.26		
501 盘区 5#煤	1	5.06	5.06	10.02	5 900	0.29	5 400	0.28
	2	5.12	5.08	10.06	4 800	0.28		
	3	5.08	4.99	9.99	5 500	0.28		
501 盘区 煤底板	1	5.04	5.08	10.08	28 300	0.28	27 000	0.27
	2	5.05	5.04	10.1	24 700	0.26		
	3	5.09	4.99	10.06	28 000	0.27		

表 2-20　502 盘区煤岩弹性模量、泊松比测定结果

岩石 名称	序号	试件尺寸			弹性模量 /MPa	泊松比 μ	平均弹性模量 /MPa	平均泊松比
		长/cm	宽/cm	高/cm				
502 盘区 煤顶板	1	5.06	4.98	10.02	16 200	0.24	17 033	0.25
	2	5.05	5.00	9.98	18 600	0.25		
	3	5.04	4.99	10.00	16 300	0.25		
502 盘区 5#煤	1	5.11	5.02	10.04	5 400	0.29	4 900	0.28
	2	5.06	5.02	10.04	4 100	0.27		
	3	5.05	4.98	10.10	5 200	0.28		
502 盘区 煤底板	1	4.99	4.98	9.97	29 500	0.28	24 967	0.26
	2	5.03	5.00	9.95	22 300	0.24		
	3	4.99	4.98	10.03	23 100	0.26		

2.4.6　煤岩力学参数测定结果汇总

501 盘区测试结果汇总见表 2-21。根据力学测定结果,501 盘区 5#煤的顶板和底板岩石均为软岩,是较稳定围岩,顶板和底板均属于Ⅱ类岩层。501 盘区 5#煤按硬度分类属于中硬煤层。

表 2-21　501 盘区煤岩物理力学参数测定结果汇总

岩石 名称	真密度 /(kg/m³)	视密度 /(kg/m³)	含水率 /%	坚固性 系数 f	抗压强 度/MPa	抗拉强 度/MPa	弹性模 量/MPa	泊松比 μ	内摩擦 角 ϕ	黏聚力 /MPa
顶板	2 559	2 382	2.14	3.94	39.83	2.42	17 700	0.26	28°56′	4.52
5#煤	1 475	1 329	2.43	1.62	16.49	0.88	5 400	0.28	28°32′	2.41
底板	2 628	2 498	2.45	3.41	34.86	2.29	27 000	0.27	29°22′	3.85

502 盘区测定结果汇总见表 2-22。根据力学测定结果,502 盘区 5#煤的顶板和底板岩石均为软岩,是较稳定围岩,顶板和底板均属于Ⅱ类岩层。502 盘区 5#煤按硬度分类属于中硬煤层。

表 2-22　502 盘区煤岩物理力学参数测定结果汇总

岩石 名称	真密度 /(kg/m³)	视密度 /(kg/m³)	含水率 /%	坚固性 系数 f	抗压强 度/MPa	抗拉强 度/MPa	弹性模 量/MPa	泊松比 μ	内摩擦 角 ϕ	黏聚力 /MPa
顶板	2 544	2 370	2.06	3.69	37.36	2.09	17 033	0.25	29°63′	3.98
5#煤	1 469	1 321	2.32	1.51	15.92	0.61	4 900	0.28	30°15′	1.96
底板	2 603	2 486	2.36	3.23	32.20	1.70	24 967	0.27	30°62′	3.17

2.5　围岩稳定性分类

根据力学测试结果,禾草沟煤矿 501 盘区和 502 盘区 5[#] 煤的顶板和底板岩石均为软岩,是较稳定围岩,顶板和底板均属于Ⅱ类岩层;两个盘区的 5[#] 煤层按硬度分类均属于中硬煤层。

3 禾草沟煤矿现支护方案效果评价

3.1 50205工作面回风巷支护方案效果评价

3.1.1 50205工作面回风巷煤岩层赋存特征

（1）煤层情况

本区域煤层为一结构简单的稳定型中厚煤层，煤层厚度稳定，结构简单，普遍含六层厚夹矸。

煤层结构：0.48(0.02)0.22(0.06)0.17(0.08)0.19(0.07)0.31(0.03)0.17(0.05)0.43。煤层平均厚度2.28 m，倾角0～3°，煤层走向212°，倾向302°。

（2）工作面概况

地面标高1 249.0～1 407.0 m，煤层底板标高1 005～1 025 m。

（3）煤层顶底板岩性

煤层直接顶为泥质粉砂岩，厚0.98 m，深灰黑色，薄层状，发育水平层理，层面平坦，见植物化石碎屑，泥质胶结，质密，易风化破碎。基本顶为油页岩，厚11.17 m，灰黑色，薄层状，水平层理，泥质胶结，易风化，风化后成薄片状，垂直节理发育，性脆，置于火中冒黑烟，个别裂隙被白色钙质薄膜充填，条痕黑褐色，中间夹浅灰色铝土质泥岩薄层，质软，遇水易变软，易风化破碎；煤层直接底为泥质粉砂岩，厚9.41 m，深灰黑色，薄层状，水平层理，层面见大量植物化石碎屑及炭屑，泥质胶结，质密，易风化破碎。

50205工作面煤层顶底板综合柱状图如图3-1所示。

绝对瓦斯涌出量为0.83 m³/min，煤尘爆炸指数为49.65%，有爆炸危险性。煤层自然发火倾向性等级为Ⅱ类自燃煤层。地温属正常区，无地热危害。

柱状图	层厚/m	倾角	岩石名称	岩性特征
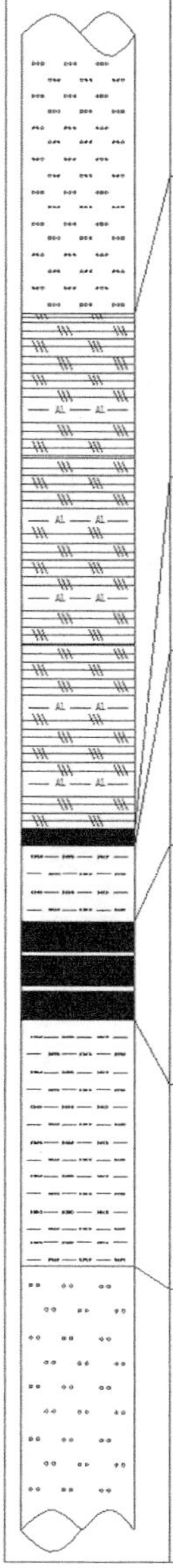	16.6	0～3°	细粒砂岩	灰白色，中厚层状，断口呈平坦状，局部参差状，断面可见个别暗色矿物及少量丝炭。岩石成分以石英为主，长石次之，云母少量。中部夹有泥质粉砂岩薄层，发育水平层理
	11.17	0～3°	油页岩	灰黑色，薄层状，水平层理。泥质胶结，易风化，风化后成薄片状。垂直节理发育，性脆，置于火中冒黑烟，个别裂隙被白色钙质薄膜充填。条痕黑褐色，中间夹浅灰色铝土质泥岩薄层，质软，遇水易变软，易风化破碎
	0.34	0～3°	5#上煤	黑色，块状，半亮型煤，条痕褐黑色，沥青光泽，参差状、阶梯状断口。节理及裂隙较发育，性脆，煤质较硬
	0.98	0～3°	泥质粉砂岩	深灰黑色，薄层状，发育水平层理。层面平坦，见大量植物化石碎屑和炭屑。泥质胶结，致密，易风化破碎
	2.28	0～3°	5#煤	黑色，块状，半亮型煤，条痕褐黑色，沥青光泽，参差状、阶梯状断口。煤岩组分以亮煤为主，暗煤次之，少量镜煤及丝炭，节理及裂隙较发育，被白色钙质薄膜及黄铁矿结核充填，性脆，煤质较硬。煤层结构：0.48(0.02) 0.22(0.06) 0.17(0.08) 0.19(0.17) 0.31(0.03) 0.17(0.05) 0.43，夹矸以泥质粉砂岩为主
	9.41	0～3°	泥质粉砂岩	深灰黑色，薄层状，发育水平层理。层面平坦，见大量植物化石碎屑和炭屑。泥质胶结，致密，易风化破碎
	14.9	0～3°	中粒砂岩	灰白色，层厚状，层理不显。岩石成分以石英为主，长石次之，断面见少量暗色矿物及云母碎屑。分选性中等，参差状断口，磨圆次棱角状，致密，坚硬。岩芯表面见少量黑色细纹，向下粒度逐渐变粗

图 3-1 50205 工作面煤层顶底板综合柱状图

3.1.2 50205 工作面回风巷支护方案评价

3.1.2.1 50205 工作面回风巷支护参数（表 3-1）

表 3-1 50205 回风巷道支护参数

断面形状 /(mm×mm)	顶部锚杆每排数量/根	顶部锚杆间排距 /(mm×mm)	锚索间排距 /(mm×mm)	帮锚间排距 /(mm×mm)	锚索布置方式
圆弧形 (5 000×3 200)	6	900×900	1 500×1 350	900×900	三一三

50205 工作面回风巷掘进断面为圆弧断面，宽×高为 5 000 mm×3 200 mm，巷道形状和支护方式如图 3-2 所示。

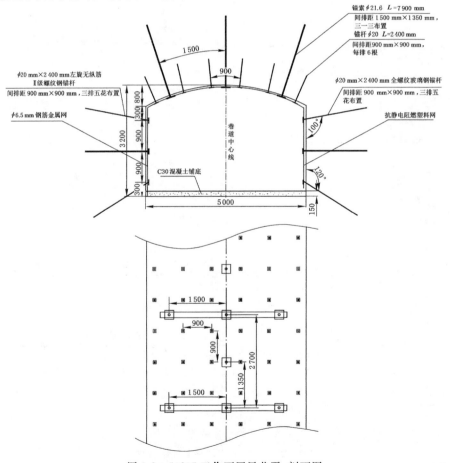

图 3-2 50205 工作面回风巷平、剖面图

巷道采用锚(索)网配合钢带联合支护,顶部锚杆采用 $\phi20$ mm×2 400 mm 左旋无纵筋Ⅱ级螺纹钢锚杆,孔深 2 350 mm,锚杆露出螺母长度 10~50 mm,锚杆使用一卷半 MSCK2850 树脂药卷,锚固力不低于 105 kN,拧紧力矩不小于 100 N·m,锚杆托板采用 Q235 钢板,规格为 150 mm×150 mm×12 mm(长×宽×厚);副帮锚杆采用 $\phi20$ mm×2 400 mm 左旋无纵筋螺纹钢锚杆,正帮采用全螺纹玻璃钢锚杆;正帮网片采用抗拉强度不小于 30 MPa 的矿用双抗塑料网,搭接长度不小于 100 mm;顶板、副帮网片采用 $\phi6.5$ mm 钢筋焊制,规格为 1 800 mm×1 000 mm,网孔规格为 100 mm×100 mm,搭接长度不小于 100 mm;锚索采用 $\phi21.6$ mm×7 900 mm 钢绞线,每根锚索使用 3 卷 MSCK2850 树脂药卷,锚索预应力不小于 280 kN,圆弧断面两边锚索与顶板成 75°夹角,矩形断面锚索垂直顶板布置,巷中单根锚索与顶板垂直;锚索托板采用 Q235 钢板,规格为 300 mm×300 mm×16 mm(长×宽×厚);W 钢带采用两种规格,分别为 2 400 mm×230 mm×5 mm 和 3 400 mm×230 mm×5 mm(长×宽×厚)。

锚杆:每排 6 根锚杆,间排距为 900 mm×900 mm。

锚索:锚索间排距 1 500 mm×1 350 mm,采用"三一三"布置。

帮锚及帮网:正帮打 3 排玻璃钢锚杆,五花布置,间排距 900 mm×900 mm,上部锚杆距顶板 300 mm,正帮全断面挂矿用双抗塑料网;副帮打 3 排金属锚杆,五花布置,间排距 900 mm×900 mm,上部锚杆距顶板 300 mm,副帮全断面挂金属网。巷道底部锚杆与底板成 30°夹角布置。

3.1.2.2 50205 工作面回风巷道支护方案评价

为了对 50205 工作面回风巷道支护方案进行效果评价,对 50205 工作面回风巷道进行了矿压监测。监测方案如下。

(1) 顶板和巷道副帮锚杆工作状态监测

分别在距工作面 120 m、140 m 和 160 m 处设置 3 个监测断面,每个监测断面安装 2 个顶板锚杆测力计和 1 个副帮锚杆测力计,测力计如图 3-3 所示,锚杆(索)测力计安装位置如图 3-4 所示。

(2) 顶板锚索工作状态监测

距工作面 100 m 处设一个观测断面,顶板锚索安装锚杆(索)测力计,监测锚索工作状态。锚杆(索)测力计安装位置如图 3-5 所示。

(3) 顶板和巷帮深部位移监测

① 在距工作面 120 m、140 m 和 160 m 处设置 3 个监测断面,顶板中部安装 1 个 DW-4 型多点位移计,

图 3-3　MCS-400 矿用本安型锚杆(索)测力计

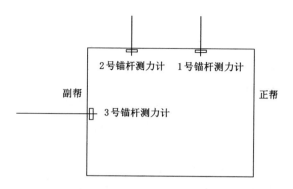

图 3-4　顶板和巷道副帮锚杆(索)测力计安装示意图

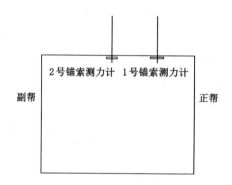

图 3-5　顶板锚杆(索)测力计安装示意图

分别监测 2 m、4 m、6 m、8 m 的位移量。

　　② 另在距工作面 120 m、140 m 和 160 m 处设置 3 个监测断面,分别在巷道正帮和副帮中部各安装 1 个 DW-4 型多点位移计,分别监测 1.0 m、1.5 m、2.0 m、2.4 m 的位移量。深部位移监测位置如图 3-6 所示。

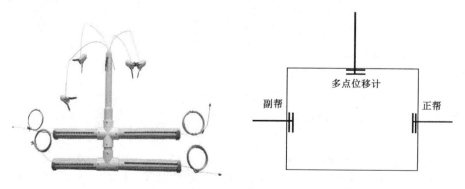

图 3-6　深部位移监测位置示意图

（4）监测结果

① 顶板和巷道副帮锚杆工作状态监测结果（表3-2～表3-4，图3-7～图3-9）。

表 3-2 距工作面 120 m 监测断面（顶板和巷道副帮）

日 期	1号锚杆测力计 监测结果/kN	2号锚杆测力计 监测结果/kN	3号锚杆测力计 监测结果/kN	备注
8月4日	22.8	20.8	20.9	
8月5日	23.4	21.4	21.4	
8月6日	30.0	29.0	32.0	
8月7日	24.6	28.4	30.0	
8月8日	25.3	27.5	28.4	
8月9日	25.0	28.5	28.8	距工作面 15 m

表 3-3 距工作面 140 m 监测断面（顶板和巷道副帮）

日 期	1号测力计 监测结果/kN	2号测力计 监测结果/kN	3号测力计 监测结果/kN	备注
8月4日	26.3	28.8	36.6	
8月5日	30	35	34	
8月6日	26.3	28.4	29.9	
8月7日	28.5	27.7	22.3	
8月8日	28.3	26.6	28.5	
8月9日	27.5	27.2	30.8	
8月10日	37.5	35.6	51.2	
8月11日	37.5	35.6	51.2	距工作面 14 m

表 3-4 距工作面 160 m 监测断面

日 期	1号测力计 监测结果/kN	2号测力计 监测结果/kN	3号测力计 监测结果/kN	备注
8月4日	28.3	30.5	20	
8月5日	29.4	31.2	21.3	
8月6日	30.2	31.7	22.6	
8月7日	36.5	33.8	30.8	
8月8日	35	33.5	30.4	

表 3-4(续)

日期	1号测力计 监测结果/kN	2号测力计 监测结果/kN	3号测力计 监测结果/kN	备注
8月9日	32.3	33	35.4	
8月10日	35.5	30.6	30.4	
8月11日	28.6	29.9	31.5	
8月12日	31.7	36.6	25.8	
8月13日	32.7	36.8	26.8	
8月14日	36.1	37.1	27.3	距工作面9 m

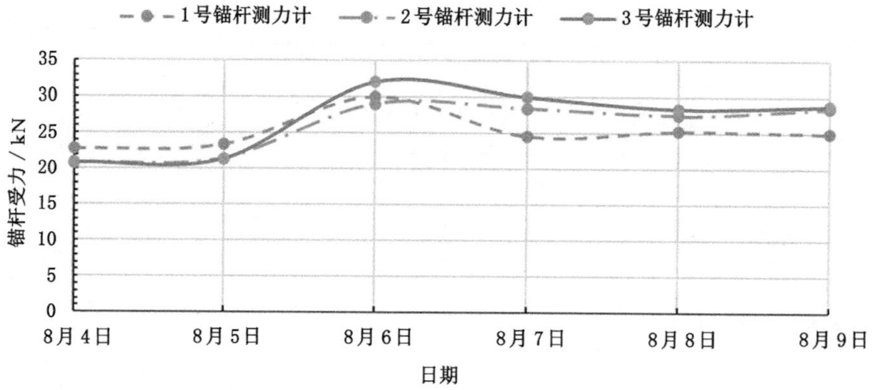

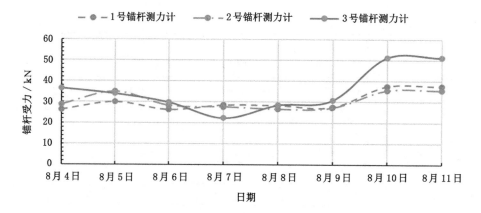

图 3-7　距工作面 120 m 监测断面锚杆受力

图 3-8　距工作面 140 m 监测断面锚杆受力

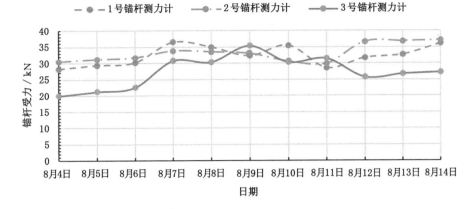

图 3-9　距工作面 160 m 监测断面锚杆受力

从距工作面 120 m 监测断面结果得出,1 号锚杆最大受力 30.0 kN,2 号锚杆最大受力 29.0 kN,3 号锚杆最大受力 32.0 kN。

从距工作面 140 m 监测断面结果得出,1 号锚杆最大受力 37.5 kN,2 号锚杆最大受力 35.6 kN,3 号锚杆最大受力 51.2 kN。

从距工作面 160 m 监测断面结果得出,1 号锚杆最大受力 36.5 kN,2 号锚杆最大受力 37.1 kN,3 号锚杆最大受力 35.4 kN。

从以上监测结果可以得出,在 50205 工作面采动影响下,3 个监测断面的锚杆受力均小于设计锚固力 105 kN,且监测锚杆最大受力为 51.2 kN,约为设计锚固力的 50%。

②顶板锚索工作状态监测结果(表 3-5 和图 3-10)。

表 3-5　50205 回风巷距工作面 100 m 处顶板锚索监测断面

日期	1 号锚索测力计/kN	2 号锚索测力计/kN	备注
8 月 12 日	83.6	74.1	
8 月 13 日	84.0	75.2	
8 月 14 日	99.5	88.2	
8 月 15 日	106	112	
8 月 20 日	114	124.1	
8 月 21 日	128	139	
8 月 23 日	136	154	
8 月 24 日	146	173	
8 月 25 日	153	185	距工作面 2 m

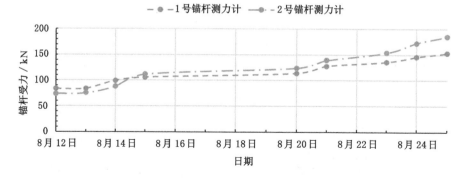

图 3-10　距工作面 100 m 监测断面顶板锚索受力

从以上监测结果可以得出,在 50205 工作面采动影响下,监测断面的 2 个锚索受力均小于设计锚固力 250 kN,且监测锚索最大受力为 185 kN,为设计锚固力的 74%。

③ 顶板和巷帮深部位移监测结果(表 3-6 至表 3-11)。

表 3-6　50205 回风巷监测断面距工作面 120 m 监测结果(顶板)

日期	顶板多点位移计监测结果/mm				备注
	2 m	4 m	6 m	8 m	
8 月 4 日	4.0	7.0	4.0	3.0	
8 月 6 日	4.0	7.0	4.0	3.0	
8 月 7 日	4.0	7.0	4.0	3.0	
8 月 8 日	5.0	8.0	5.0	4.0	
8 月 9 日	5.0	8.0	5.0	4.0	
8 月 10 日	6.0	9.0	6.0	5.0	距工作面 5 m

表 3-7　50205 回风巷监测断面距工作面 140 m 监测结果(顶板)

日期	顶板多点位移计监测结果/mm				备注
	2 m	4 m	6 m	8 m	
8 月 4 日	0	0	5.0	2.0	
8 月 5 日	0	0	5.0	2.0	
8 月 6 日	0	0	5.0	2.0	
8 月 7 日	0	0	5.0	2.0	
8 月 8 日	0	0	5.0	2.0	

表 3-7(续)

日期	顶板多点位移计监测结果/mm				备注
	2 m	4 m	6 m	8 m	
8 月 9 日	0	0	5.0	2.0	
8 月 10 日	2.0	2.0	7.0	4.0	
8 月 11 日	3.0	3.0	8.0	5.0	
8 月 12 日	5.0	9.0	14.0	11.0	
8 月 13 日	5.0	9.0	14.0	11.0	距工作面 1 m

表 3-8　50205 回风巷监测断面距工作面 160 m 监测结果(顶板)

日期	顶板多点位移计监测结果/mm				备注
	2 m	4 m	6 m	8 m	
8 月 4 日	0	0	3.0	5.0	
8 月 6 日	0	0	3.0	5.0	
8 月 7 日	0	0	3.0	5.0	
8 月 8 日	0	0	3.0	5.0	
8 月 9 日	0	0	3.0	5.0	
8 月 10 日	0	0	3.0	5.0	
8 月 11 日	0	0	3.0	5.0	
8 月 12 日	2.0	3.0	6.0	8.0	
8 月 13 日	5.0	6.0	9.0	11.0	
8 月 14 日	6.0	8.0	11.0	13.0	距工作面 10 m

表 3-9　50205 回风巷监测断面距工作面 120 m 监测结果(两帮)

日期	副帮多点位移计监测结果/mm				正帮多点位移计监测结果/mm				备注
	2.4 m	2.0 m	1.5 m	1.0 m	2.4 m	2.0 m	1.5 m	1.0 m	
8 月 10 日	5.0	5.0	5.0	4.0	1.0	4.0	6.0	4.0	
8 月 12 日	6.0	6.0	6.0	5.0	2.0	5.0	7.0	5.0	
8 月 13 日	6.0	6.0	6.0	5.0	8.0	11.0	13.0	6.0	
8 月 14 日	6.0	6.0	6.0	5.0	8.0	11.0	13.0	6.0	
8 月 15 日	6.0	6.0	6.0	5.0	8.0	11.0	13.0	6.0	
8 月 18 日	6.0	6.0	6.0	5.0	8.0	11.0	13.0	6.0	
8 月 20 日	6.0	6.0	6.0	5.0	8.0	11.0	13.0	6.0	

表 3-9(续)

日期	副帮多点位移计监测结果/mm				正帮多点位移计监测结果/mm				备注
	2.4 m	2.0 m	1.5 m	1.0 m	2.4 m	2.0 m	1.5 m	1.0 m	
8 月 23 日	6.0	6.0	6.0	5.0	8.0	11.0	13.0	6.0	
8 月 24 日	6.0	6.0	6.0	5.0	8.0	11.0	13.0	6.0	
8 月 25 日	6.0	6.0	6.0	5.0	8.0	11.0	13.0	6.0	距工作面 3.0 m

表 3-10　50205 回风巷监测断面距工作面 140 m 监测结果(两帮)

日期	副帮多点位移计监测结果/mm				正帮多点位移计监测结果/mm				备注
	2.4 m	2.0 m	1.5 m	1.0 m	2.4 m	2.0 m	1.5 m	1.0 m	
8 月 10 日	4.0	3.0	6.0	2.0	4.0	4.0	6.0	1.0	
8 月 12 日	5.0	4.0	7.0	2.0	5.0	5.0	7.0	2.0	
8 月 13 日	5.0	4.0	7.0	2.0	8.0	8.0	10.0	3.0	
8 月 14 日	5.0	4.0	7.0	2.0	8.0	8.0	10.0	3.0	
8 月 15 日	5.0	4.0	7.0	2.0	8.0	8.0	10.0	3.0	
8 月 18 日	5.0	4.0	7.0	2.0	8.0	8.0	10.0	3.0	
8 月 20 日	6.0	5.0	8.0	2.0	8.0	8.0	10.0	3.0	
8 月 23 日	7.0	6.0	9.0	3.0	8.0	8.0	10.0	3.0	
8 月 24 日	7.0	6.0	9.0	3.0	8.0	8.0	10.0	3.0	
8 月 25 日	7.0	6.0	9.0	3.0	8.0	8.0	10.0	3.0	
8 月 26 日	8.0	7.0	10.0	3.0	8.0	8.0	10.0	3.0	距工作面 8.0 m

表 3-11　50205 回风巷监测断面距工作面 160 m 监测结果(两帮)

日期	副帮多点位移计监测结果/mm				正帮多点位移计监测结果/mm				备注
	2.4 m	2.0 m	1.5 m	1.0 m	2.4 m	2.0 m	1.5 m	1.0 m	
8 月 10 日	2.0	4.0	3.0	5.0	5.0	3.0	3.0	3.0	
8 月 12 日	2.0	4.0	3.0	5.0	5.0	3.0	3.0	3.0	
8 月 13 日	2.0	4.0	3.0	5.0	5.0	3.0	3.0	3.0	
8 月 14 日	2.0	4.0	3.0	5.0	5.0	3.0	3.0	3.0	
8 月 15 日	2.0	4.0	3.0	5.0	5.0	3.0	3.0	3.0	
8 月 18 日	2.0	4.0	3.0	5.0	5.0	3.0	3.0	3.0	
8 月 20 日	2.0	4.0	3.0	5.0	7.0	5.0	5.0	5.0	
8 月 23 日	2.0	4.0	3.0	5.0	7.0	5.0	5.0	5.0	
8 月 24 日	2.0	4.0	3.0	5.0	7.0	5.0	5.0	5.0	
8 月 25 日	3.0	5.0	4.0	6.0	7.0	5.0	5.0	5.0	

表 3-11(续)

日期	副帮多点位移计监测结果/mm				正帮多点位移计监测结果/mm				备注
	2.4 m	2.0 m	1.5 m	1.0 m	2.4 m	2.0 m	1.5 m	1.0 m	
8 月 26 日	3.0	5.0	4.0	6.0	8.0	6.0	6.0	6.0	
8 月 27 日	5.0	7.0	6.0	7.0	9.0	7.0	7.0	6.0	
8 月 28 日	7.0	9.0	8.0	8.0	10.0	8.0	8.0	7.0	
8 月 29 日	7.0	9.0	8.0	8.0	11.0	9.0	9.0	7.0	距工作面 4.0 m

距工作面 120 m 监测断面处顶板离层结果如下：

顶板 0~2 m 内发生位移 2 mm，顶板 2~4 m、4~6 m、6~8 m 内均未发生位移，顶板总下沉 2 mm。

距工作面 140 m 监测断面处顶板离层结果如下：

顶板 0~2 m 内发生位移 5 mm，顶板 2~4 m 内发生位移 4 mm，4~6 m、6~8 m 内均未发生位移，顶板总下沉 9 mm。

距工作面 160 m 监测断面处顶板离层结果如下：

顶板 0~2 m 内发生位移 6 mm，顶板 2~4 m 内发生位移 2 mm，4~6 m、6~8 m 内均未发生位移，顶板总下沉 8 mm。

距工作面 120 m 监测断面处两帮位移监测结果如下：

正帮 0~1.0 m 内发生位移 2 mm，1.0~1.5 m 内发生位移 5 mm，1.5~2.0 m 和 2.0~2.4 m 内均未发生位移，正帮总位移 7 mm。

副帮 0~1.0 m 内发生位移 1 mm，1.0~1.5 m、1.5~2.0 m 和 2.0~2.4 m 内均未发生位移，副帮总位移 1 mm。

距工作面 140 m 监测断面处两帮位移监测结果如下：

正帮 0~1.0 m 内发生位移 2 mm，1.0~1.5 m 内发生位移 2 mm，1.5~2.0 m 和 2.0~2.4 m 内均未发生位移，正帮总位移 4 mm。

副帮 0~1.0 m 内发生位移 1 mm，1.0~1.5 m 内发生位移 3 mm，1.5~2.0 m 和 2.0~2.4 m 内均未发生位移，副帮总位移 4 mm。

距工作面 160 m 监测断面处两帮位移监测结果如下：

正帮 0~1.0 m 内发生位移 4 mm，1.0~1.5 m 内发生位移 2 mm，1.5~2.0 m 和 2.0~2.4 m 内均未发生位移，正帮总位移 6 mm。

副帮 0~1.0 m 内发生位移 3 mm，1.0~1.5 m 内发生位移 2 mm，1.5~2.0 m 和 2.0~2.4 m 内均未发生位移，副帮总位移 5 mm。

综合以上监测结果，顶板锚杆(索)和巷道副帮锚杆的锚固力均有较大富余量，且顶板最大位移量为 9 mm，正帮最大位移量为 7 mm，副帮最大位移量为5 mm，围岩移近量非常小。总体评价：现支护设计强度过大，支护成本偏高，综合考虑支护成本和支护效果，有进一步调整支护强度的空间，以达到优化支护设计的目的。

3.2 开拓巷道支护效果评价

3.2.1 5#煤南翼带式输送机大巷和回风大巷地质工程概况

5#煤南翼带式输送机大巷的主要功能为禾草沟煤矿井下南翼采区的主运输系统及正常通风。5#煤南翼回风大巷主要满足禾草沟煤矿井下南翼采区的回风。两条大巷对应地面标高＋1 357 m～＋1 282 m，井下标高＋1 010 m～＋1 007 m，5#煤南翼输送机大巷和5#煤南翼回风大巷的顶板岩性均以油页岩为主；砂质、泥质胶结，岩石致密，岩芯完整，裂隙不发育。5#煤南翼大巷煤层顶、底板综合柱状图如图 3-11 所示。

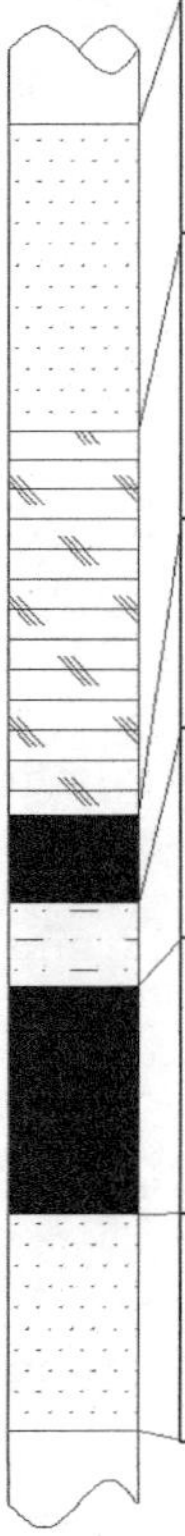

柱状图	层厚	岩石名称	岩性特征
	8～10 m	细粒砂岩	灰白色，厚层状，层理不显，岩石成分以石英为主，含少量暗色矿物，断面见星点状云母碎片及个别炭屑。致密、坚硬。分选性较好、参差状断口。中间夹深灰色粉砂质泥岩小薄层
	10～12 m	油页岩	灰黑色，薄层状，水平层理。垂向节理发育、性脆。置于火中冒黑烟。裂隙少量被白色钙质薄膜充填，条痕黑褐色中间夹浅灰色铝土质泥岩薄层。质软，遇水易变软，易风化破碎
	0.33 m	煤	黑色，块状，半亮型煤，条痕褐黑色。沥青光泽，参差状、阶梯状断口。煤岩组分以亮煤为主，暗煤次之，丝炭及镜煤少量。煤质较硬。向南逐渐变薄直至消失
	0.42 m	泥质粉砂岩	深灰色，薄层状，水平层理与微薄层理发育，参差状断口，层面见云母碎屑及炭屑，上部及中部夹粉砂岩薄层。向西逐渐变薄直至消失
	1.78～1.99 m	5#煤	黑色，块状，半亮型煤，条痕褐黑色。沥青光泽，参差状、阶梯状断口。煤岩组分以亮煤为主，暗煤次之，夹少量镜煤条带，节理及裂隙较发育，被钙质薄膜及黄铁矿结核充填。夹矸为泥质粉砂岩。煤层厚度向西逐渐变薄
	3.5～6.76 m	粉砂岩	灰色、深灰色，薄层状，微波状层理发育，贝壳断口，断面见少量云母碎屑及暗色矿物。致密，较坚硬。顶部夹深灰色泥质粉砂岩薄层，水平层理。厚度向西逐渐变薄

图 3-11 南翼大巷煤层顶、底板综合柱状图

5#煤南翼带式输送机大巷开口中线位置位于 5#煤西翼带式输送机大巷 2 467 m 处,开口坐标(x:4 102 392.800,y:368 553.331)与 5#煤西翼带式输送机大巷成 90°水平夹角向南开口。

5#煤南翼回风大巷开口中线位置位于 5#煤西翼回风大巷 2 547 m 处,与 5#煤西翼回风大巷成 90°,方位为 180°,工程量 2 540 m。5#煤南翼回风大巷相应地面均为荒山地,无主要公路、铁路、桥梁及其他重点建筑,南翼回风大巷 380 m 处前进方向右侧 95.6 m 处有 360#油气井。地面标高+1 282 m~+1 357 m,相对高差 75 m。

5#煤南翼带式输送机大巷和南翼回风大巷位置如图 3-12 所示。

3.2.2　5#煤南翼带式输送机大巷断面特征及支护参数

5#煤南翼带式输送机大巷断面为半圆拱形,如图 3-13 所示,掘进宽度 5 040 mm,掘进高度 4 070 mm,掘进断面积 17.8 m²,净宽 4 800 mm,净高 3 800 mm,净断面积 15.8 m²,喷厚 120 mm,强度等级 C20。铺底厚度 150 mm,强度等级 C30。巷道右侧设计为水沟,毛水沟规格:400 mm×300 mm。

5#煤南翼带式输送机大巷全断面采用 ϕ20 mm×2 400 mm 的Ⅱ级左旋无纵筋螺纹钢锚杆,锚深长 2 350 mm,锚杆螺母外露长度 10~40 mm;顶部每根锚杆使用 1 卷 MSCK28/50 型树脂药卷和 1 卷 MSCK28/35 型树脂药卷,锚杆抗拔力不小于 50 kN,间排距为 900 mm×900 mm,托盘采用规格为 150 mm×150 mm×12 mm 的 Q235 钢板;锚索规格为:从 1 215 m 开始正顶 ϕ21.6 mm×12 000 mm 钢绞线,两边 ϕ21.6 mm×7 900 mm 钢绞线,间排距为 1 600 mm×1 800 mm;每根锚索使用 3 卷 MSCK28/50 型树脂药卷,锚索预紧力不小于 140 kN,锚索锚固力不小于 330 kN,锚索托盘采用 Q235 钢板(300 mm×300 mm×16 mm)+ ϕ18 圆钢(3 600 mm×150 mm)梯子梁,采用"3+3"矩形布置。金属网采用规格 ϕ6.5 mm×2 000 mm×1 000 mm 钢筋制作,搭接长度 100 mm,全断面挂网。喷射混凝土厚度 120 mm,强度等级 C20,喷射混凝土中添加速凝剂,速凝剂用量为水泥用量的 3%~5%,同时添加防水剂,防水剂用量为水泥用量的 8%~10%。拱肩段岩层易风化掉落,若拱肩处锚杆托盘没有贴紧岩面,待锚固剂凝固后,紧固螺母,若托盘不紧贴岩面,补加规格为 150 mm×150 mm×50(或 100)mm 的木托盘。

3.2.3　5#煤南翼回风大巷断面特征及支护参数

5#煤南翼回风大巷断面为半圆拱形,掘进宽度 5 740 mm,掘进高度 4 270 mm,掘进断面积 21 m²,净宽 5 500 mm,净高 4 150 mm,净断面积 19.6 m²,喷射混凝土厚度 120 mm,强度等级 C20。5#煤南翼回风大巷顶板加强支护平、断面图如图 3-14 所示。

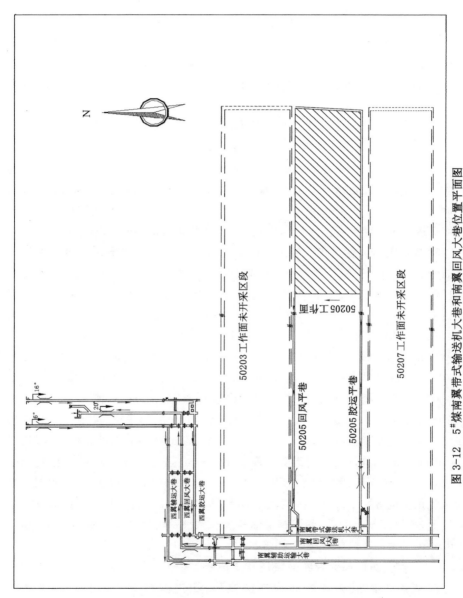

图 3-12　5#煤南翼带式输送机大巷和南翼回风大巷位置平面图

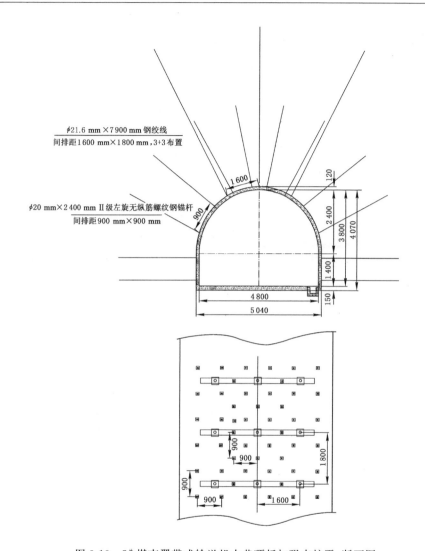

图 3-13　5#煤南翼带式输送机大巷顶板加强支护平、断面图

5#煤南翼回风大巷全断面采用 φ20 mm×2 400 mm 的 Ⅱ 级左旋无纵筋螺纹钢锚杆,锚深长 2 350 mm,锚杆螺母外露长度 10～40 mm;顶部每根锚杆使用 3 卷 MSCK28/35 型树脂药卷,帮部每根锚杆使用 2 卷 MSCK28/35 型树脂药卷和 1 卷 MZS 型树脂药卷,锚杆抗拔力不小于 50 kN,间排距为 900 mm×900 mm,托盘采用 Q235 钢板(规格为 150 mm×150 mm×12 mm);锚索采用钢绞线(规格为 φ17.8 mm×7 900 mm),间排距为 1 800 mm×1 800 mm;每根锚索使用 5 卷 MSCK28/35 型树脂药卷,锚索预紧力不小于 140 kN,锚索锚固

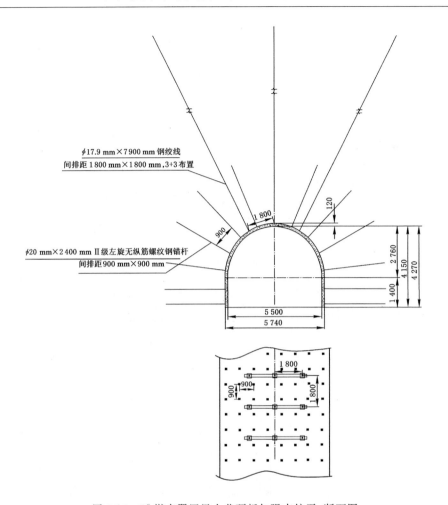

ϕ17.9 mm×7 900 mm 钢绞线
间排距 1 800 mm×1 800 mm,3+3 布置

ϕ20 mm×2 400 mm Ⅱ级左旋无纵筋螺纹钢锚杆
间排距 900 mm×900 mm

图 3-14　5#煤南翼回风大巷顶板加强支护平、断面图

力不小于 330 kN,锚索托盘采用 Q235 钢板(300 mm×300 mm×16 mm)＋ϕ18
圆钢(4 000 mm×150 mm)梯子梁,采用"3＋3"矩形布置。金属网采用规格
ϕ6.5 mm×2 400 mm×1 000 mm 钢筋制作,搭接长度 100 mm,全断面挂网。
喷射混凝土厚度 120 mm,强度等级 C20,喷射混凝土中添加速凝剂,速凝剂用
量为水泥用量的 3％～5％,同时添加防水剂,防水剂用量为水泥用量的 8％～
10％。拱肩段岩层易风化掉落,若拱肩处锚杆托盘没有贴紧岩面,待锚固剂凝
固后,紧固螺母,若托盘不紧贴岩面,补加规格为 150 mm×150 mm×50
(或 100)mm 的木托盘。

3.2.4 5#煤南翼带式输送机大巷和南翼回风大巷支护效果评价

由于南翼带式输送机大巷内有胶带输送机,不利于矿压监测设备的安装及平时观测,因此,选用5#煤南翼回风大巷作为矿压观测巷道。

在南翼回风大巷800 m(距50205回风巷口50 m)、850 m(距50205回风巷口100 m)、900 m(距50205回风巷口150 m)处分别设置1个矿压监测断面。每个断面安装1台顶板锚杆测力计,巷道两帮有2台锚杆测力计(50 m断面帮只有1台)、左帮有1个多点位移计(基点2.4 m、2.0 m、1.5 m、1 m),顶板有1个多点位移计(基点8 m、6 m、4 m、2 m),矿压观测设备安装位置如图3-15所示。8月10日矿压监测设备安装完毕。

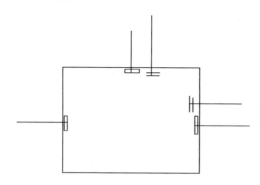

图3-15 矿压观测设备安装位置

11月18日50205工作面开采到停采线,停采线距南翼带式输送机大巷90 m。

(1)距50205回风巷口50 m矿压数据分析(表3-12和图3-16、图3-17)

由表3-12和图3-16、图3-17可知,顶板锚杆受力从11月5日开始逐渐增大,从19.1 kN增加至24.9 kN,左帮锚杆(安装在胶运大巷侧煤柱)受力从8月23日开始逐渐增大,从29.2 kN增加至72.2 kN。顶板多点位移计显示4 m基点内产生1 mm位移;巷帮多点位移计显示1 m基点内产生1 mm位移。

表3-12 南翼回风大巷800 m(距50205回风巷口50 m)监测断面

日期	顶板测力计监测结果/kN	左帮测力计监测结果/kN	顶板多点位移计监测结果/mm				巷帮多点位移计监测结果/mm			
			2 m	4 m	6 m	8 m	1.0 m	1.5 m	2.0 m	2.4 m
8月10日	18.5	28.3	4.0	9.0	8.0	8.0	1	4	4	2
8月12日	18.5	28.8	4.0	9.0	8.0	8.0	2	5	5	3
8月13日	18.5	28.8	4.0	9.0	8.0	8.0	2	5	5	3

表 3-12(续)

日期	顶板测力计监测结果/kN	左帮测力计监测结果/kN	顶板多点位移计监测结果/mm				巷帮多点位移计监测结果/mm			
			2 m	4 m	6 m	8 m	1.0 m	1.5 m	2.0 m	2.4 m
8 月 14 日	18.5	28.8	4.0	9.0	8.0	8.0	2	5	5	3
8 月 15 日	18.5	28.8	4.0	9.0	8.0	8.0	2	5	5	3
8 月 20 日	18.5	28.8	4.0	10.0	9.0	9.0	2	5	5	3
8 月 23 日	18.5	29.2	4.0	10.0	9.0	9.0	2	5	5	3
11 月 5 日	19.1	47.3	4.0	10.0	9.0	9.0	2	5	5	3
11 月 13 日	23.9	66.8	4.0	10.0	9.0	9.0	2	5	5	3
11 月 18 日	24.4	70.3	4.0	10.0	9.0	9.0	2	5	5	3
11 月 19 日	24.4	70.3	4.0	10.0	9.0	9.0	2	5	5	3
11 月 25 日	24.9	72.2	4.0	10.0	9.0	9.0	2	5	5	3

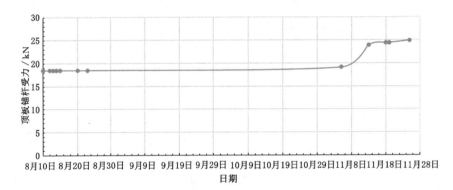

图 3-16 距 50205 回风巷口 50 m 处顶板锚杆受力分析图

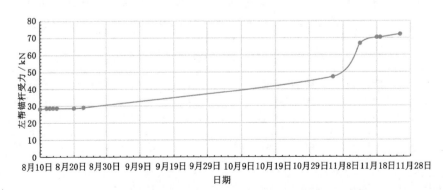

图 3-17 距 50205 回风巷口 50 m 处左帮锚杆受力分析图

（2）距 50205 回风巷口 100 m 矿压数据分析（表 3-13 和图 3-18～图 3-20）

由表 3-13 和图 3-18、图 3-19、图 3-20 可知，11 月 5 日顶板锚杆受力增加至 20.9 kN，但 11 月 13 日降低至 17.0 kN，11 月 25 再一次增至 18.0 kN。此现象表明，11 月 5 日时巷道受到了工作面的采动影响。左帮锚杆（安装在胶运大巷侧煤柱）受力从 11 月 5 日开始逐渐增大，从 20.5 kN 增加至 21.4 kN。右帮锚杆受力从 11 月 5 日出现了明显增大的显现。巷帮锚杆受力情况也进一步证明了工作面回采时的矿压对南翼回风大巷产生影响。顶板多点位移计在监测期间没有产生明显的数值变化，巷帮多点位移计 1 m 基点内产生 1 mm 位移，2 m 基点内产生 2 mm 位移。

表 3-13　南翼回风大巷 850 m（距 50205 回风巷口 100 m）监测断面

日期	顶板测力计监测结果/kN	左帮测力计监测结果/kN	右帮测力计监测结果/kN	顶板多点位移计监测结果/mm				巷帮多点位移计监测结果/mm			
				2 m	4 m	6 m	8 m	1.0 m	1.5 m	2.0 m	2.4 m
8 月 10 日	16.1	16.1	24.9	5.0	5.0	10.0	5.0	2.0	3.0	3.0	7.0
8 月 12 日	16.1	15.6	25.3	5.0	5.0	10.0	5.0	3.0	4.0	4.0	8.0
8 月 13 日	16.6	16.1	25.3	5.0	5.0	10.0	5.0	3.0	4.0	4.0	8.0
8 月 14 日	16.1	16.1	25.8	5.0	5.0	10.0	5.0	3.0	4.0	4.0	8.0
8 月 15 日	16.6	16.1	25.8	5.0	5.0	10.0	5.0	3.0	4.0	4.0	8.0
8 月 20 日	17.0	16.1	27.8	5.0	5.0	10.0	5.0	3.0	4.0	4.0	8.0
8 月 23 日	17.1	16.1	28.3	5.0	5.0	10.0	5.0	3.0	4.0	4.0	8.0
11 月 5 日	20.9	20.5	46.3	5.0	5.0	10.0	5.0	3.0	4.0	4.0	8.0
11 月 13 日	17.0	21.4	49.3	5.0	5.0	10.0	5.0	3.0	4.0	4.0	8.0
11 月 18 日	17.0	21.4	51.2	5.0	5.0	10.0	5.0	3.0	4.0	4.0	8.0
11 月 19 日	17.5	21.4	51.7	5.0	5.0	10.0	5.0	3.0	5.0	5.0	9.0
11 月 25 日	18.0	21.4	53.2	5.0	5.0	10.0	5.0	3.0	4.0	5.0	9.0

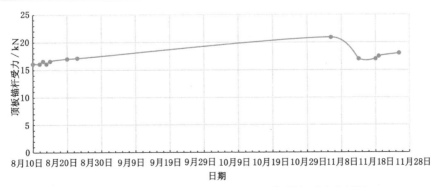

图 3-18　距 50205 回风巷口 100 m 处顶板锚杆受力分析图

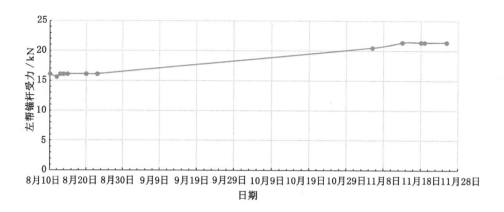

图 3-19 距 50205 回风巷口 100 m 处左帮锚杆受力分析图

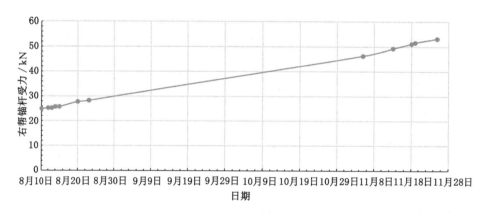

图 3-20 距 50205 回风巷口 100 m 处右帮锚杆受力分析图

（3）距 50205 回风巷口 150 m 矿压数据分析（表 3-14 和图 3-21～图 3-23）

表 3-14 南翼回风大巷 900 m（距 50205 回风巷口 150 m）监测断面

日期	顶板测力计监测结果/kN	左帮测力计监测结果/kN	右帮测力计监测结果/kN	顶板多点位移计监测结果/mm				巷帮多点位移计监测结果/mm			
				2 m	4 m	6 m	8 m	1.0 m	1.5 m	2.0 m	2.4 m
8 月 10 日	17.5	39.0	32.2	5.0	10.0	8.0	9.0	1	4	2	2
8 月 12 日	17.0	39.0	32.2	5.0	10.0	8.0	9.0	1	4	2	2
8 月 13 日	17.0	39.0	32.7	5.0	10.0	9.0	10.0	1	4	2	2
8 月 14 日	17.0	39.0	32.7	5.0	10.0	9.0	10.0	1	4	2	2

表 3-14(续)

日 期	顶板测力计监测结果/kN	左帮测力计监测结果/kN	右帮测力计监测结果/kN	顶板多点位移计监测结果/mm				巷帮多点位移计监测结果/mm			
				2 m	4 m	6 m	8 m	1.0 m	1.5 m	2.0 m	2.4 m
8 月 15 日	17.5	39.0	32.7	5.0	10.0	9.0	10.0	1	4	2	2
8 月 20 日	17.5	38.0	32.7	5.0	10.0	9.0	10.0	1	4	2	2
8 月 23 日	18.0	37.5	32.7	5.0	10.0	9.0	10.0	2	5	3	3
11 月 5 日	24.4	27.2	36.6	5.0	10.0	9.0	10.0	2	5	3	3
11 月 13 日	26.3	16.1	38.5	5.0	10.0	9.0	10.0	2	5	3	3
11 月 18 日	26.8	11.2	39.0	5.0	10.0	9.0	10.0	2	5	3	3
11 月 19 日	26.8	9.2	39.0	5.0	10.0	9.0	10.0	2	5	3	3
11 月 25 日	26.8	1.9	39.5	5.0	10.0	9.0	10.0	2	5	3	3

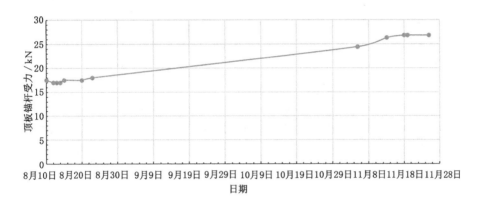

图 3-21　距 50205 回风巷口 150 m 处顶板锚杆受力分析图

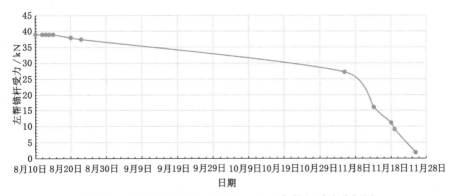

图 3-22　距 50205 回风巷口 150 m 处左帮锚杆受力分析图

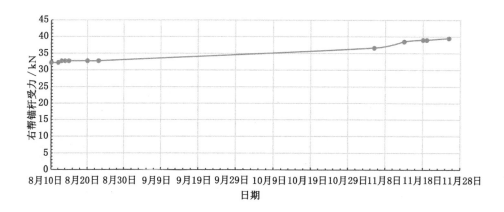

图 3-23　距 50205 回风巷口 150 m 处右帮锚杆受力分析图

由表 3-14 和图 3-21、图 3-22、图 3-23 可知,11 月 5 日顶板锚杆受力增加至 24.4 kN,11 月 25 日最后稳定在 26.8 kN。左帮锚杆(安装在胶运大巷侧煤柱)8 月 10 日安装时受力 39.0 kN,到 11 月 5 日锚杆受力降至 27.0 kN,到 11 月 25 日进一步降至 1.9 kN。此现象说明两个问题:第一,南翼回风大巷受到了工作面回采时产生的矿压的影响;第二,锚杆锚固力不足,导致失效(安装锚杆测力计时,药卷搅拌后安装托盘和螺母,施加预紧力时锚杆被带出,安装了多次,包括搅拌后停留了 30 min 后再一次安装托盘和药卷仍然出现此现象,证明是树脂药卷有问题,可能失效,导致锚固力不足)。右帮锚杆 11 月 5 日受力 36.6 kN,11 月 25 日最后增大至 39.5 kN。从顶板锚杆和巷帮锚杆受力情况证实了 50205 工作面回采时产生的矿压对南翼回风大巷有影响。顶板多点位移计在监测期间没有产生明显的数值变化,巷帮多点位移计 1 m 基点内产生 1 mm 位移。

综合以上分析结果,从顶板锚杆受力和帮锚杆受力可知,南翼回风大巷受到了 50205 工作面回采时产生的矿压影响,但顶板多点位移计和巷帮多点位移计显示数值表明 50205 工作面回采时产生的矿压对南翼回风大巷影响不大;从现场宏观角度对南翼回风大巷和南翼输送机大巷进行观察,当 50205 工作面接近停采线时,两条巷道顶板均出现少量掉矸现象,但巷道围岩没有产生明显变形。

以上矿压观测结果表明,在 50205 工作面停采线距南翼输送机大巷 90 m 时(即大巷保护煤柱 90 m),南翼输送机大巷和南翼回风大巷采用的支护方式和支护参数合理。

3.3 区段煤柱合理尺寸研究

3.3.1 护巷煤柱留设原则

煤柱宽度是影响煤柱稳定性和巷道维护的主要因素。煤柱宽度决定了巷道与回采空间的水平距离,影响回采引起的支承压力对巷道的作用程度及煤柱的载荷。留设采区护巷煤柱主要从以下几个方面考虑:

(1)采区护巷煤柱宽度要大于工作面回采和巷道掘进在侧向产生的塑性区宽度之和,从而避免煤柱中回采与掘巷产生的塑性区贯通,造成煤柱失稳。

(2)留设的采区护巷煤柱要能够使采区巷道免受工作面采动的强烈影响,使其处于较低的应力环境中。

(3)工作面回采形成的高采动应力不能与掘巷引起的高应力在峰值区形成叠加效应,否则会降低煤柱稳定性,要让煤柱中央存在足够宽度的弹性核。

3.3.2 护巷煤柱变形理论分析

护巷煤柱从形成到屈服破坏遵循一个渐进过程,从煤柱垂直应力分布形态分析,非对称马鞍形是典型的稳定煤柱应力分布形态,而非对称拱形则是失稳或屈服破坏状态下煤柱应力分布的重要特征。煤柱受力变形到破坏的全过程如图 3-24 所示,可分以下几个阶段。

(1)工作面回采之前,煤柱一侧开挖巷道围岩应力重新分布形成侧向支承应力,而另一侧主要受到上覆岩层均匀载荷的作用。

(2)煤柱另一侧回采完,在煤柱内一定深度处形成超前支承压力带和一定宽度的塑性区域,超前支承压力的峰值不大于煤柱的极限强度。

(3)若煤柱有足够的支撑能力并保持稳定,则煤柱上形成的垂直应力呈非对称马鞍形分布,煤柱两侧均有一定宽度的塑性区,边界支撑能力基本为零,超前支承压力的峰值应力不大于煤柱的极限强度,核区垂直应力分布近似为抛物线。

(4)若受到周围其他开采扰动影响,煤柱应力均发生相应变化,两侧塑性区进一步扩展,峰值应力逐渐达到煤柱极限强度,核区中心应力上升但小于峰值应力,垂直应力分布形态仍呈现非对称马鞍形。

(5)伴随着充分采动程度的增加与周围采动影响的扩展,以及煤体自身材料属性改变等原因,煤柱两侧塑性区进一步扩展,核区中心应力达到煤柱极限强度,核区应力稍有上升煤柱将迅速失稳,故非对称平台形应力可作为煤柱由稳定

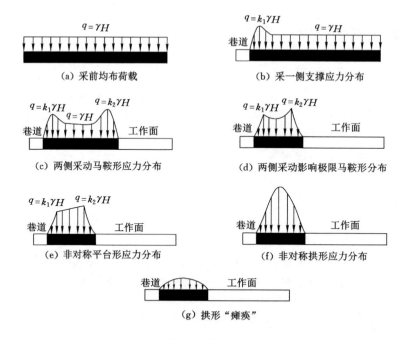

图 3-24　煤柱变形失稳动态变化过程

向失稳过渡的临界标志,是煤柱尺寸设计的重要判据。

(6)煤柱开始屈服,煤柱核区消失,两侧塑性区贯通。其支撑能力迅速降低,煤柱中心应力小于煤柱极限强度,应力分布为非对称拱形。

(7)煤柱以蠕变状态继续屈服,其支撑能力不断降低,煤柱中心应力小于煤柱极限强度,非对称拱形应力分布曲线呈"瘫痪"式,煤柱已发生破坏。

对护巷煤柱稳定性的研究在考虑一侧巷道一侧采面的前提下,如煤柱尺寸较大,则在煤柱中央的载荷为原岩应力,且分布均匀。而煤柱两侧从边缘区向内部依然分别为破裂区、塑性区、弹性区应力升高部分和原岩应力区。煤柱内的支承应力分布与分区情况如图 3-25 所示。

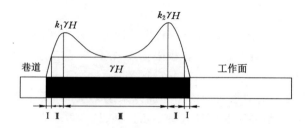

图 3-25　煤柱内的支承应力分布与分区情况

3.3.3　护巷煤柱合理尺寸数值模拟研究

（1）研究方法及软件简介

研究区段护巷煤柱尺寸的主要方法有理论计算方法和数值模拟计算方法。理论计算方法通常由于设置安全系数较高,导致计算煤柱尺寸偏大;数值模拟是用计算机软件进行数值分析的一种方法,经典的数值分析方法主要有拉格朗日法和欧拉法。FLAC 3D 是美国 Itasca Consulting Group Inc.开发的三维快速拉格朗日分析程序,该程序能较好地模拟地质材料在达到强度极限或屈服极限时发生的破坏或塑性流动的力学行为,特别适用于分析渐进破坏和失稳以及模拟大变形。FLAC 数值模拟软件在岩石力学、采矿学方面有着广泛应用。

（2）数值模型建立

在建模过程中根据禾草沟煤矿综合柱状图的尺寸,坐标系采用直角坐标系,XOY 平面取为水平面,Z 轴取铅直方向,并且规定向上为正,整个坐标系符合右手螺旋法则。模型左下角点为坐标原点,水平向右为 X 轴正方向,水平向里为 Y 轴正方向,垂直向上为 Z 轴正方向,重力方向沿 Z 轴负方向。本次模拟主要研究 50205 采煤工作面回采巷道区段煤柱合理尺寸。建立三维模型的尺寸为 200 m×20 m×86.8 m,共划分 280 000 个单元,299 691 个结点,建立计算模型如图 3-26 所示。三维模型的边界条件取为:四周采用铰支,底部采用固支,上部为自由边界。回采巷道煤岩层物理力学参数均按实验室煤岩样测试结果和工程类比对模型进行赋值,模拟力学参数见表 2-12。

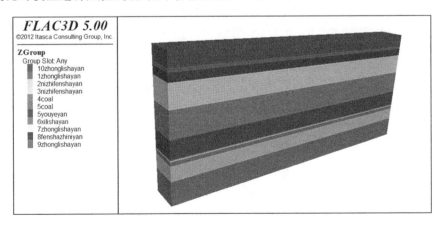

图 3-26　数值计算模型

计算模型边界条件确定如下:

① 模型 X 轴两端边界施加沿 X 轴的约束,即边界 X 方向位移为零;

② 模型 Y 轴两端边界施加沿 Y 轴的约束,即边界 Y 方向位移为零;

③ 模型底部边界固定,即底部边界 X、Y、Z 方向的位移均为零;

④ 模型顶部为自由边界。

计算模型边界载荷条件:考虑工作面在地层中最深处约 400 m,地应力边界条件根据实际测量结果进行施加,垂直应力 10.0 MPa,选用 Mohr-Coulomb(摩尔-库仑)本构模型。

（3）数值模拟建立

数值模型建立后,对煤层和巷道进行开挖,开挖高度 2.28 m,并对巷道进行支护,区段煤柱分别留设 5 m、6 m、8 m、10 m、12 m、14 m、16 m、18 m、20 m,开挖模型如图 3-27 所示。经过计算,模型最大不平衡力如图 3-28 所示。

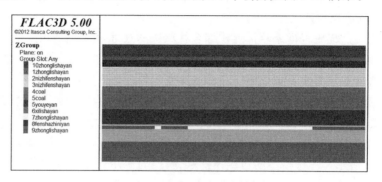

图 3-27　开挖模型

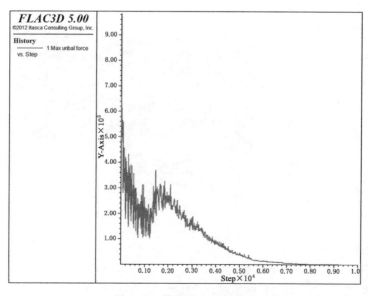

图 3-28　模型最大不平衡力

（4）数值计算结果分析

① 不同尺寸煤柱条件下垂直应力计算结果（图 3-29）

由图 3-29 所示的模拟结果得知：

留设 20 m 煤柱时，侧向支承压力增至 15 MPa，压力峰值并偏向采空区一侧。

留设 18 m 煤柱时，侧向支承压力增至 15 MPa，压力峰值并偏向采空区一侧。

留设 16 m 煤柱时，侧向支承压力增至 15 MPa，压力峰值基本上位于煤柱上方。

留设 14 m 煤柱时，侧向支承压力增至 15 MPa，压力峰值有偏向巷道一侧的趋势。

留设 12 m 煤柱时，侧向支承压力增至 15 MPa，压力峰值明显偏向巷道一侧。

留设 10 m 煤柱时，侧向支承压力增至 15 MPa，压力峰值明显偏向巷道一侧。

留设 8 m 煤柱时，侧向支承压力增至 15 MPa，压力峰值正处于巷道正上方。

留设 6 m 煤柱时，侧向支承压力增至 15 MPa，压力峰值偏向巷道左侧。

留设 5 m 煤柱时，侧向支承压力增至 15 MPa，压力峰值明显偏向巷道左侧。

② 不同尺寸煤柱条件下最大主应力计算结果（图 3-30）

由图 3-30 所示的模拟结果得知：

留设 20 m 煤柱时，最大主应力为 5.3 MPa，并位于采空区侧煤柱内。

留设 18 m 煤柱时，最大主应力为 5.3 MPa，并位于采空区侧煤柱内。

留设 16 m 煤柱时，最大主应力为 5.3 MPa，并位于采空区侧煤柱内。

留设 14 m 煤柱时，最大主应力为 6.6 MPa，并位于采空区侧煤柱内。

留设 12 m 煤柱时，最大主应力为 6.6 MPa，并位于采空区侧煤柱内，但巷道右侧的最大主应力值开始出现明显升高。

留设 10 m 煤柱时，最大主应力为 6.8 MPa，并位于采空区侧煤柱内，巷道右侧的最大主应力值出现明显升高。

留设 8 m 煤柱时，最大主应力为 6.9 MPa，最大主应力基本贯通整个煤柱。

留设 6 m 煤柱时，最大主应力为 7.1 MPa，最大主应力基本贯通整个煤柱。

留设 5 m 煤柱时，最大主应力为 7.4 MPa，最大主应力基本贯通整个煤柱。

由最大主应力分析结果得知：当煤柱小于 12 m 以下时，煤柱开始出现明显破坏。

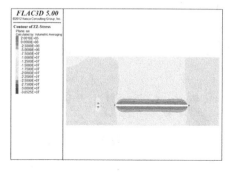

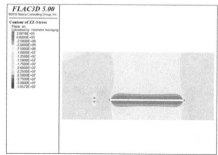

(a) 20 m 煤柱垂直应力　　　　　　　　　　(b) 18 m 煤柱垂直应力

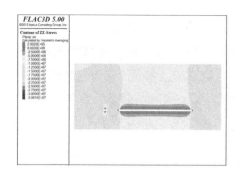

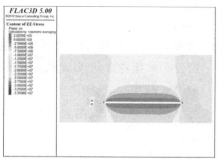

(c) 16 m 煤柱垂直应力　　　　　　　　　　(d) 14 m 煤柱垂直应力

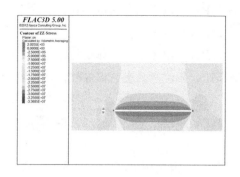

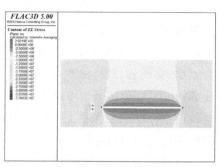

(e) 12 m 煤柱垂直应力　　　　　　　　　　(f) 10 m 煤柱垂直应力

图 3-29　不同煤柱尺寸下垂直应力分布云图

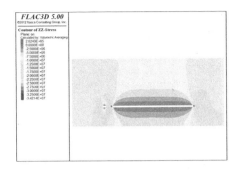 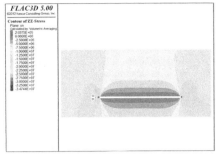

（g）8 m 煤柱垂直应力　　　　　　　　（h）6 m 煤柱垂直应力

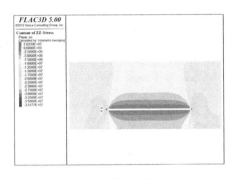

（i）5 m 煤柱垂直应力

图 3-29（续）

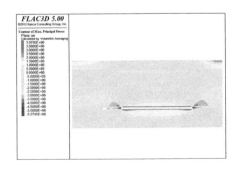 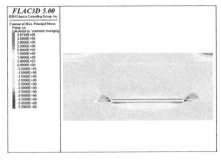

（a）20 m 煤柱最大主应力　　　　　　　（b）18 m 煤柱最大主应力

图 3-30　不同煤柱尺寸下最大主应力分布云图

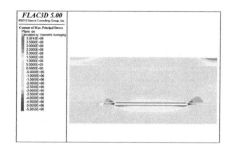

(c) 16 m煤柱最大主应力

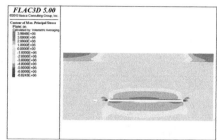

(d) 14 m煤柱最大主应力

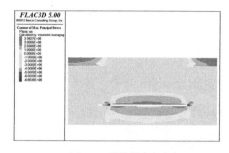

(e) 12 m煤柱最大主应力

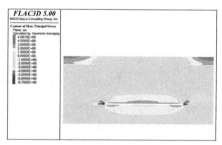

(f) 10 m煤柱最大主应力

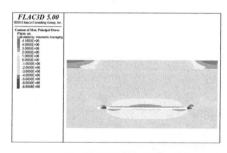

(g) 8 m煤柱最大主应力

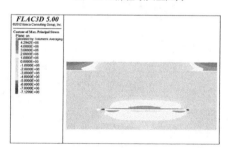

(h) 6 m煤柱最大主应力

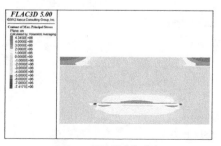

(i) 5 m煤柱最大主应力

图 3-30(续)

③ 不同尺寸煤柱条件下巷道围岩变形量计算结果(图 3-31～图 3-34)

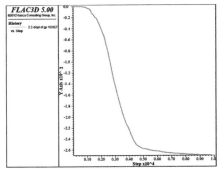

(a) 巷道顶板下沉量 2.66 cm(20 m 煤柱)

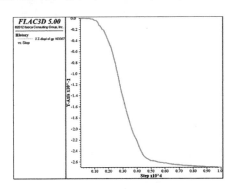

(b) 巷道顶板下沉量 2.66 cm(18 m 煤柱)

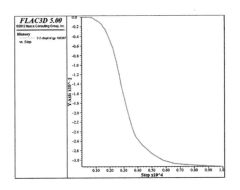

(c) 巷道顶板下沉量 3.12 cm(16 m 煤柱)

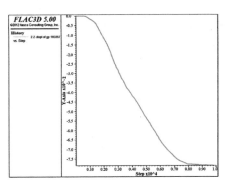

(d) 巷道顶板下沉量 7.54 cm(14 m 煤柱)

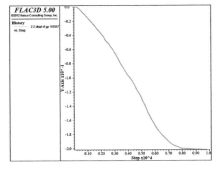

(e) 巷道顶板下沉量 20 cm(12 m 煤柱)

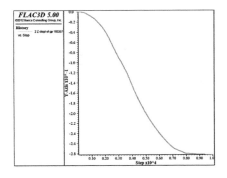

(f) 巷道顶板下沉量 28.4 cm(10 m 煤柱)

图 3-31 不同煤柱尺寸下顶板下沉量

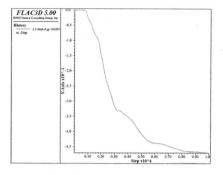

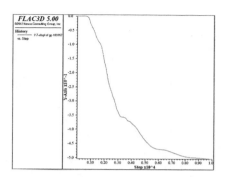

（g）巷道顶板下沉量 46 cm（8 m 煤柱）　　　　　（h）巷道顶板下沉量 51 cm（6 m 煤柱）

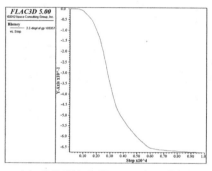

（i）巷道顶板下沉量 67 cm（5 m 煤柱）

图 3-31（续）

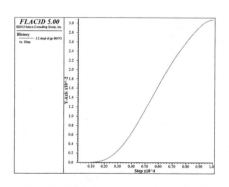

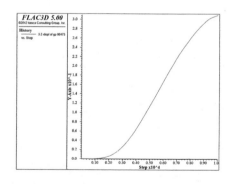

（a）巷道底板位移量 3.04 cm（20 m 煤柱）　　　　　（b）巷道底板位移量 3.04 cm（18 m 煤柱）

图 3-32　不同煤柱尺寸下底板位移量

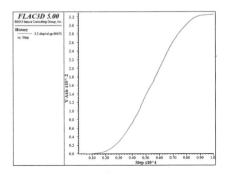
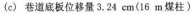
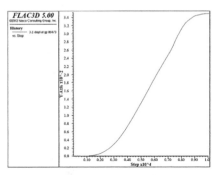

（c）巷道底板位移量 3.24 cm（16 m 煤柱）　　　（d）巷道底板位移量 3.48 cm（14 m 煤柱）

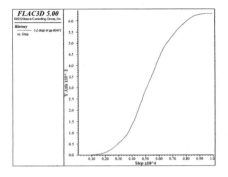
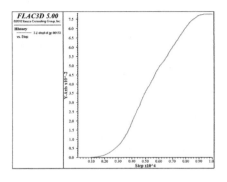

（e）巷道底板位移量 6.3 cm（12 m 煤柱）　　　（f）巷道底板位移量 7.7 cm（10 m 煤柱）

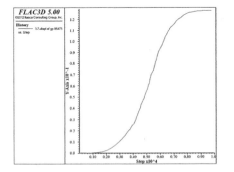
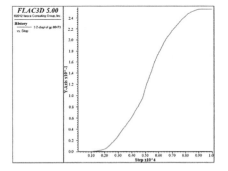

（g）巷道底板位移量 12.8 cm（8 m 煤柱）　　　（h）巷道底板位移量 25.2 cm（6 m 煤柱）

图 3-32（续）

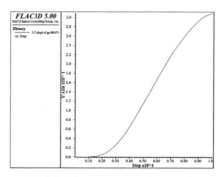

（i）巷道底板位移量 30.8 cm（5 m 煤柱）

图 3-32（续）

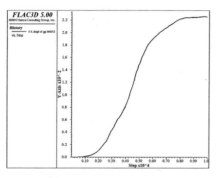

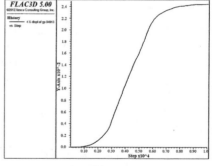

（a）巷道左帮位移量 2.22 cm（20 m 煤柱）　　　（b）巷道左帮位移量 2.44 cm（18 m 煤柱）

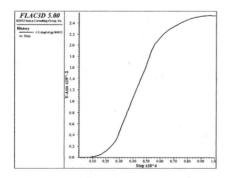

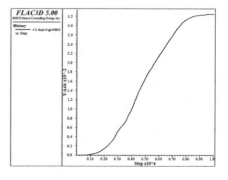

（c）巷道左帮位移量 2.52 cm（16 m 煤柱）　　　（d）巷道左帮位移量 3.24 cm（14 m 煤柱）

图 3-33　不同煤柱尺寸下巷道左帮位移量

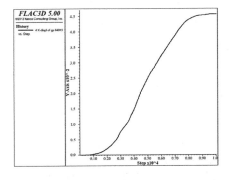
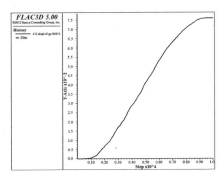

（e）巷道左帮位移量4.5 cm（12 m煤柱）　　　（f）巷道左帮位移量7.6 cm（10 m煤柱）

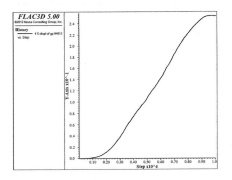
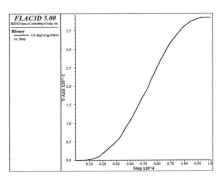

（g）巷道左帮位移量25.6 cm（8 m煤柱）　　　（h）巷道左帮位移量38 cm（6 m煤柱）

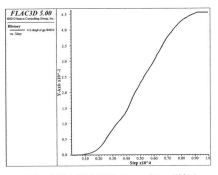

（i）巷道左帮位移量46 cm（5 m煤柱）

图 3-33（续）

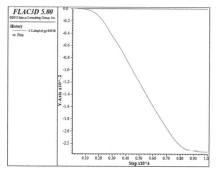

(a) 巷道右帮位移量 2.24 cm（20 m 煤柱）

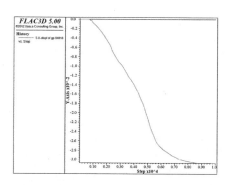

(b) 巷道右帮位移量 3.04 cm（18 m 煤柱）

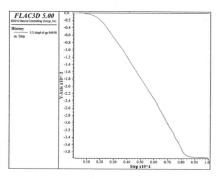

(c) 巷道右帮位移量 3.96 cm（16 m 煤柱）

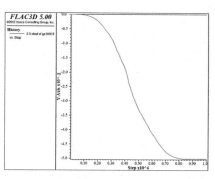

(d) 巷道右帮位移量 5.0 cm（14 m 煤柱）

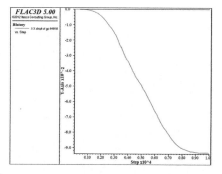

(e) 巷道右帮位移量 9.4 cm（12 m 煤柱）

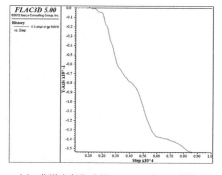

(f) 巷道右帮位移量 15.4 cm（10 m 煤柱）

图 3-34　不同煤柱尺寸下巷道右帮位移量

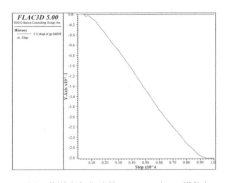 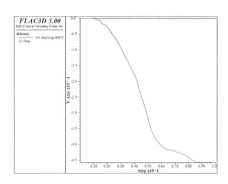

（g）巷道右帮位移量 28.4 cm（8 m 煤柱）　　　（h）巷道右帮位移量 46 cm（6 m 煤柱）

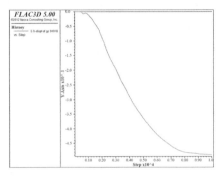

（i）巷道右帮位移量 49 cm（5 m 煤柱）

图 3-34（续）

由图 3-31～图 3-34 得知：

留设 20 m 煤柱时，巷道顶板下沉量为 2.66 cm，底板位移量为 3.04 cm，左帮位移量为 2.22 cm，右帮位移量为 2.24 cm。

留设 18 m 煤柱时，巷道顶板下沉量为 2.66 cm，底板位移量为 3.04 cm，左帮位移量为 2.44 cm，右帮位移量为 3.04 cm。

留设 16 m 煤柱时，巷道顶板下沉量为 3.12 cm，底板位移量为 3.24 cm，左帮位移量为 2.52 cm，右帮位移量为 3.96 cm。

留设 14 m 煤柱时，巷道顶板下沉量为 7.54 cm，底板位移量为 3.48 cm，左帮位移量为 3.24 cm，右帮位移量为 5 cm。

留设 12 m 煤柱时，巷道顶板下沉量为 20 cm，底板位移量为 6.3 cm，左帮位移量为 4.5 cm，右帮位移量为 9.4 cm。

留设 10 m 煤柱时，巷道顶板下沉量为 28.4 cm，底板位移量为 7.7 cm，左帮位移量为 7.6 cm，右帮位移量为 15.4 cm。

留设 8 m 煤柱时,巷道顶板下沉量为 46 cm,底板位移量为 12.8 cm,左帮位移量为 25.6 cm,右帮位移量为 28.4 cm。

留设 6 m 煤柱时,巷道顶板下沉量为 51 cm,底板位移量为 25.2 cm,左帮位移量为 38 cm,右帮位移量为 46 cm。

留设 5 m 煤柱时,巷道顶板下沉量为 67 cm,底板位移量为 30.8 cm,左帮位移量为 46 cm,右帮位移量为 49 cm。

由图 3-35～图 3-38 分析得知,考虑到小煤柱容易被压裂,导致采空区漏风引起采空区自然发火,不建议留设小于 6 m 尺寸的煤柱;如果留设 6～8 m 尺寸的煤柱,必须对巷道进行补强支护,并采取切顶卸压措施,这样将影响采掘的速度;从图中可知,留设小于 14 m 煤柱时,巷道围岩变形量开始急剧增大,因此,留设 14 m 煤柱时巷道围岩变形量相对较小,在经济上和技术上都是比较理想的煤柱尺寸。

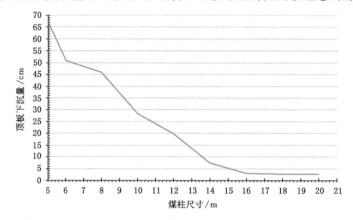

图 3-35　不同煤柱尺寸巷道顶板下沉量

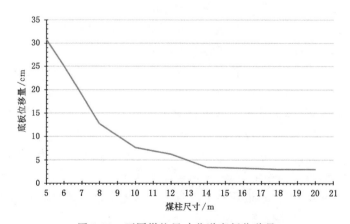

图 3-36　不同煤柱尺寸巷道底板位移量

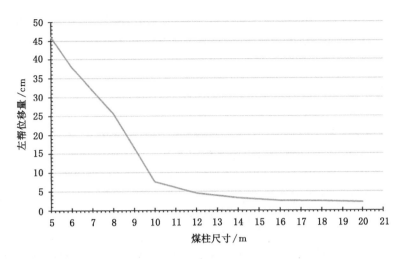

图 3-37 不同煤柱尺寸巷道左帮位移量

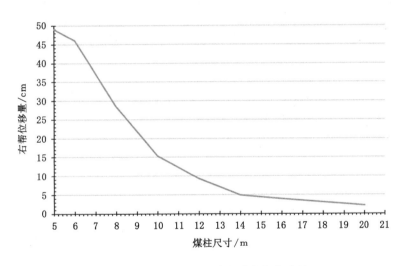

图 3-38 不同煤柱尺寸巷道右帮位移量

3.4 地表山体对煤层原岩应力场分布规律的影响

3.4.1 研究目的

原岩应力包括自重应力、构造应力、膨胀应力、地热应力等,其中自重应力及构造应力是组成原岩应力场的主要部分。构造应力在构造形成后的千百万年内已经得到充分释放,因此研究中认为构造应力为 0。原岩应力场是研究开采空间附近应力重新分布情况的基础,因此研究山体赋存岩体的原岩应力状态,可以为分析此种条件下煤层开采过程中采场周围应力的变化,优化工作面的支护参数提供理论依据。

禾草沟煤矿 50205 综采工作面对应地表山峦起伏,相对高差约 158 m,地表山体相对高差很大,50205 工作面井上下对照图如图 3-39 所示,地表山体可能会对地下开采的矿压分布规律造成影响。为了掌握山体赋存条件下上覆岩层原岩应力场的分布规律,判断上部山体是否会对工作面的矿压规律造成影响,本书采用 UDEC 数值模拟软件分析了山体下部岩层的原岩应力场分布规律,为山体赋存条件下工作面矿压规律的研究提供指导。

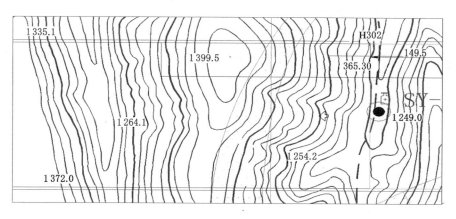

图 3-39　50205 工作面井上下对照图

3.4.2　山体赋存煤层原岩应力场特征的理论分析

在山体赋存煤层群条件下,可以假定原岩为均匀的连续介质,因此可以应用连续介质力学原理对原岩的自重应力进行计算。

$$\begin{cases} \sigma_z = \gamma H \\ \sigma_x = \sigma_y = \lambda \sigma_z \\ \tau_{xy} = 0 \end{cases}$$

式中　γ——上覆岩层的体积力,kN/m³;

　　　H——单元体的埋藏深度,m;

　　　λ——侧压系数。

此处假设原岩是各向同性弹性体,依照广义胡克定律,可以得到单元体各个方向上的应变。

$$\begin{cases} \varepsilon_z = \dfrac{1}{E}[\sigma_z - \mu(\sigma_x + \sigma_y)] \\[2mm] \varepsilon_x = \dfrac{1}{E}[\sigma_x - \mu(\sigma_y + \sigma_z)] \\[2mm] \varepsilon_y = \dfrac{1}{E}[\sigma_y - \mu(\sigma_x + \sigma_z)] \end{cases}$$

由于 $\varepsilon_x = 0, \varepsilon_y = 0, \varepsilon_x = \varepsilon_y$，因此

$$\varepsilon_x = \varepsilon_y = \frac{\mu}{1-\mu}\sigma_z = \frac{\mu}{1-\mu}\gamma H$$

$$\lambda = \frac{\mu}{1-\mu}$$

式中　μ——岩石的泊松比，$\mu = 0.2 \sim 0.3$；

　　　λ——侧压系数，$\lambda = 0.25 \sim 0.43$。

假如原岩是由多层体积力不相同的岩层构成，各个岩层的体积力和厚度分别依次为 $\gamma_1, \gamma_2, \cdots, \gamma_i, \cdots, \gamma_n; h_1, h_2, \cdots, h_i, \cdots, h_n$。则原岩的初始自重应力

$$\begin{cases} \sigma_z = \sum_{i=1}^{n} \gamma_i h_i \\[2mm] \sigma_x = \sigma_y = \lambda \sigma_z \end{cases} \tag{3-1}$$

由式(3-1)可得，原岩的自重应力随深度的增加呈线性增长。当深度在一定范围内时，原岩处于弹性状态。当埋藏深度超过一定范围后，自重应力将大于原岩的弹性强度，此时原岩将转化为塑性状态或潜塑性状态。

3.4.3　山体赋存煤层原岩应力场特征的数值模拟

（1）模型的建立

以禾草沟煤矿50205综采工作面的地质条件为基础，建立二维数值计算模型。根据现场所提供的综合柱状图，本次模拟试验共取 13 个层位。所建数值模型如图 3-40 所示。

根据现场煤层实际赋存条件，模型的边界条件为：

上部边界条件。上部边界条件为应力边界，与上覆岩层重力有关。为方便研究，将上边界应力简化为均布载荷，由于模型上边界为地表，故模型应力边界条件为 0。

下部边界条件。模型下部边界条件为底板，视为位移边界条件，在 x 方向速度为 0，y 方向为固定铰支座。

两侧边界条件。模型两侧为实体煤岩体，视为位移边界条件，在 y 方向速度为 0，x 方向为固定铰支座。本模型中侧压系数取 $\lambda = 0.5$。

由节理和块体的本构关系确定数值模型所需要的属性参数，根据前人的模

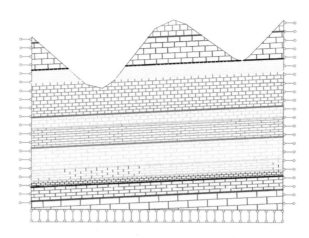

图 3-40 山体赋存煤层原岩应力场的数值计算模型

拟参数和现有的试验数据取煤层及各岩层的属性参数见表 3-15、表 3-16。

表 3-15 煤岩层力学参数

序号	岩性	容重 γ /(kg·m^{-3})	剪切模量 G/GPa	体积模量 K_g/GPa	黏聚力 C/MPa	内摩擦角 f/(°)	抗拉强度 σ_1/MPa
1	中粒砂岩	2 282	16	12	4.53	34	1.70
2	细粒砂岩	2 320	15	10	4.21	32	1.60
3	油页岩	2 371	8	7	3.98	30	1.31
4	泥质粉砂岩	2 370	8	9	3.98	30	2.1
5	5$^\#$煤	1 321	2	4	1.96	30	0.61
6	泥质粉砂岩	2 486	15	9	3.17	31	1.70

表 3-16 煤岩层节理力学参数

序号	岩性	法向刚度 K_n/GPa	切向刚度 K_s/GPa	黏聚力 C/MPa	内摩擦角 f/(°)	抗拉强度 σ_1/MPa
1	中粒砂岩	3	3	0	34	0
2	细粒砂岩	3	3	0	32	0
3	油页岩	1	1	0	30	0
4	泥质粉砂岩	2	2	0	30	0
5	5$^\#$煤	0.6	0.6	0	30	0
6	泥质粉砂岩	2.0	2.0	0	31	0

（2）垂直应力变化规律

山体覆岩的垂直应力分布如图 3-41 和图 3-42 所示，从图中可以看出山体中垂直应力的分布具有以下特点：

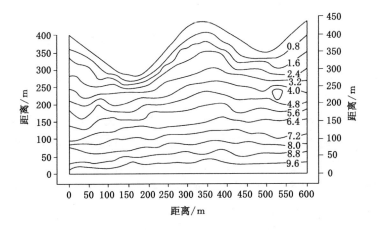

图 3-41 山体覆岩的垂直应力分布

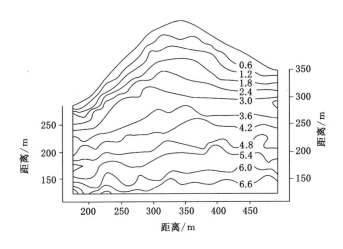

图 3-42 山体覆岩局部（山峰）的垂直应力分布

① 山体内垂直应力随着埋深的增加而增大，一般情况下，垂直应力与上覆岩层的容重大致相等，即 $\sigma_z = \gamma \cdot H$。

② 在距地表 50～100 m 处垂直应力约为 0.8～2.4 MPa，其应力等值线轮廓紧随地表的轮廓，说明此范围内岩体的垂直应力受地表山体的影响极大。

③ 在距地表 100～250 m 处垂直应力约为 3.2～5.6 MPa,其应力等值线轮廓在趋势上依然沿地表的方向,在山峰处出现上凸,在山谷处出现下凹。但距地表 100 m 以内的应力等值线,其与地表轮廓的相似度已经明显降低,说明此范围内岩体的垂直应力依然受地表山体的影响,但受影响程度在临近地表处已经明显降低。

④ 在距地表 250 m 以下处垂直应力＞6.4 MPa,其应力等值线轮廓在水平方向上出现一定波动,但波动基本发生在一条水平线的附近,在轮廓上已基本不与地表相关,说明此处因距地表较远,岩体内的垂直应力已不受地表山体的影响。

综上可知,在靠近地表处,垂直应力等值线的轮廓紧随地表山体的轮廓,随着深度的增加,应力等值线逐渐由初始轮廓向水平线过渡。说明随着岩体埋藏深度的增加,岩体中的垂直应力场受地表山体的影响逐渐减小。因此,可以将山体下部岩层按受山体影响的强度分为明显影响区(距地表 100 m 以内)、影响减弱区(距地表 100～250 m)和无影响区(距地表 250 m 以下)。

(3) 水平应力变化规律

山体覆岩的水平应力分布如图 3-43 和图 3-44 所示。

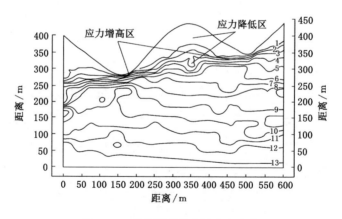

图 3-43 山体覆岩的水平应力分布

山体中水平应力的分布具有下述特点:

① 在山体覆岩中,水平应力的分布与垂直应力相比更加复杂,但在趋势上仍随埋藏深度的增加而增大。

② 水平应力受山体的影响总体上随埋藏深度的增大而减弱。在距地表 100 m 以内时,水平应力受地表的影响极大,此部分属于山体明显影响区;在距地表 100～250 m,水平应力的分布依然受地表山体的影响,但影响程度已大大

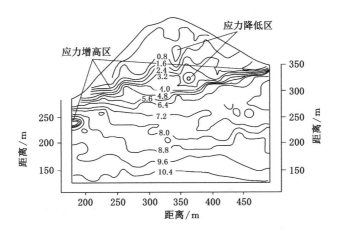

图 3-44　山体覆岩局部(山峰)的水平应力分布

减弱,此部分属于山体影响减弱区;在距地表 250 m 以下,水平应力的分布与平原地区相比,区别已不是很大,此部分为无影响区。

③ 在山峰内部,出现应力降低区,其原因在于山体两侧为自由面,因受重力作用会产生下滑的趋势,因此会产生一定的拉应力,从而抵消了岩体内部的压应力,造成水平应力总体上的降低。在山谷内部,出现应力增高区,其原因在于山峰两侧的岩体有下滑趋势,进而对山谷处的岩体造成挤压,形成额外的水平压应力,与岩体内原有的压应力产生叠加,造成水平应力总体上的增加。

④ 山体内水平应力的分布与垂直应力的分布在竖直方向上无明显对应关系,垂直应力的分布随埋深的增加基本呈线性增大,而由于应力增高区和应力降低区的存在,水平应力的分布较不规则,仅在趋势上随埋藏深度的增加而增大。

在水平方向上,同一水平线上垂直应力较大的区域往往位于山峰下方,水平应力一般较小,垂直应力较小的区域往往位于山谷下方,水平应力一般较大。

(4) 分析结果总结

① 原岩的自重应力随埋藏深度的增加呈线性增长。

② 研究中根据山体下部岩层受山体影响强度的不同分为 3 个区,即距地表 100 m 以内的明显影响区、距地表 100～250 m 的影响减弱区和距地表 250 m 以下的无影响区。明显影响区内的垂直应力和水平应力受山体的影响均很大;影响减弱区内山体的影响明显降低,但仍会造成不可忽略的影响;无影响区内的原岩应力受山体影响已非常微小,研究中可以忽略。禾草沟煤矿 50205 工作面对应地面标高 1 249.0 m～1 407.0 m,煤层底板标高＋1 005 m～＋1 025 m,工作

面埋深基本上处于 250 m 以上,因此,地表山体对开采 50205 工作面的影响非常小,研究中可以忽略。

③ 在山峰内部,水平应力低于正常值,出现应力降低区;在山谷内部,水平应力高于正常值,出现应力增高区。据此结论可知,当开采活动处于山体影响区域以内时,应尽量将巷道布置于应力降低区内,以降低巷道的掘进维护成本,保证安全生产。

3.4.4 地表山体载荷对浅埋深工作面开采矿压的影响分析

由前文的内容得知,山体下部岩层按受山体影响强度的不同分为 3 个区,其中距地表 100 m 以内为明显影响区,明显影响区内的垂直应力和水平应力受山体的影响均很大,因此需要进一步对地表山体区域和地表沟谷区域对工作面开采矿压的影响进行分析。

(1)地表山体区域的影响

地表山体对工作面的影响程度与基岩层的厚度、岩性有较大关系。基岩层的厚度及岩性直接决定了地表山体对工作面影响范围的大小及程度。

如图 3-45 所示,在工作面尚未进入山体正下方之前,从图中的支承压力变化曲线可知,受地下煤层采动影响,浅埋深工作面上覆山体载荷已对工作面造成一定影响。这表明地表山体对于工作面的影响不仅存在于垂直范围内,山体载荷也会沿一定角度向地下传递。

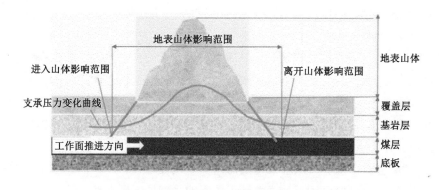

图 3-45 地表山体对工作面的影响示意图

(2)地表沟谷区域的影响

沟谷区域对工作面的影响如图 3-46 所示。当工作面推进至两座山体之间,即沟谷区域,地表黄土层厚度仅有 30 m,但是工作面超前支承压力峰值明显要高于工作面刚刚进入山体一侧时的压力值,表明工作面仍受地表山体载荷影响。

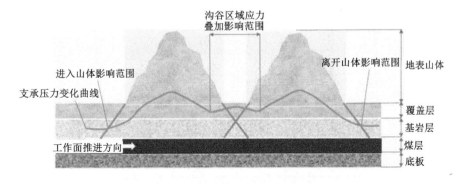

图 3-46 地表沟谷区域对工作面的影响示意图

　　沟谷区域对应的浅埋深工作面矿压显现强烈受地表沟谷两侧山体载荷叠加的影响所致。因此,浅埋深工作面在进入山体影响范围内和离开山体影响范围(推进至沟谷区域)时,应确保工作面的支护强度,保证工作面合理、较快的推进速度,必要时可提前对工作面进行调斜,使工作面逐步进入地表山体影响区域,减小地表载荷所造成的影响。

3.4.5　现场反馈现象与问题分析

　　(1)现场反馈现象与问题

　　50108 工作面距切眼 50 m 左右时,矿压显现严重,回采巷道出现严重的帮鼓和底鼓显现,此处正是山谷正下方,矿方工程技术人员认为是山谷处应力大所致,与报告中地形地貌对井下采掘影响规律总结与实际生产中显现规律存在差异。

　　(2)反馈现象研究与分析

　　如图 3-47 所示,从井上下对照关系图观察进行分析,50108 工作面距切眼 50 m 左右的正上方有河流经过,且河流与巷道重叠段约 95 m,此范围巷道倾角约 0.1°,接近水平煤层,此范围煤层东部略高一些;地表河底标高为 1 230 m,下部对应煤层标高为 985 m,垂直高度为 245 m,埋藏较浅。河流积水(包含汇集雨水)经过长时间渗入扩散到正下方及其附近的 5# 煤层和顶底板,其含水率增大,大幅度地降低了 5# 煤及其顶底板的物理力学性质。

　　第 5.3 节研究结果表明,在 15 MPa 围压下,含水率从 0 增加到 8%,岩样的峰值强度从 41.659 MPa 降到了 10.347 MPa,强度降低了 75.16%。因此,在上覆矿山压力值不变的情况下,5# 煤层的底板(泥质粉砂岩)未进行有效支护时便会产生底鼓和帮鼓。

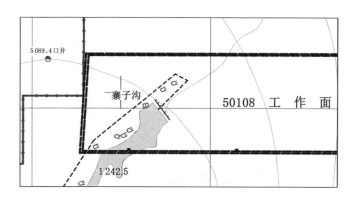

图 3-47　50108 工作面与地面河流对应关系示意图

巷道副帮变形量较小，是因为采用的是直径 20 mm、长度 2 400 mm 的左旋无纵筋 II 级螺纹钢锚杆；巷道正帮帮鼓严重，是因为采用的是直径 27 mm、1 800 mm 长的玻璃钢锚杆，正帮的玻璃锚杆的锚固长度和锚固力均小于副帮的左旋无纵筋 II 级螺纹钢锚杆的锚固长度和锚固力。因此，建议在类似条件下其他煤层巷道掘进时，在影响范围内应加大正帮支护强度，采用间排距 900 mm×1 000 mm，三排"五花"布置，并选用 2 000 mm 长的玻璃钢锚杆。

3.5　不同推采进度下的平巷变形和破坏规律研究

采高、工作面长、推进速度是决定工作面开采强度的主要因素，其推进速度是最易控制，也是最有效的控制因素。理论和实践证明，岩体的破坏是一个渐进的过程，推进速度对顶板岩层破坏以及周期来压特征的影响，实质是采动作用下采场围岩应力重分布及岩体破坏时间效应的体现。

3.5.1　推进速度对顶板影响的力学模型

（1）力学模型建立

顶板初次垮落前可将其视为两端固支的梁结构，基本顶随采随垮，计算中忽略不计，顶板上覆岩层可视为均布荷载 q，假设顶板不会被破坏的情况下建立模型（图 3-48），并对其进行力学分析。

由图 3-48 可得双固梁弯矩 $M(x)$ 方程表达式：

$$M(x) = -\frac{1}{2}qx^2 + \frac{1}{2}qLx - \frac{1}{12}qL^2 \qquad (3-2)$$

式中　q——梁上部均布载荷，MPa；

L——推进距离，m。

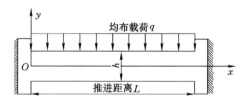

图 3-48　顶板受力梁模型

对式(3-2)求导,可得当 $x=1/2$ 时,弯矩最大,此时最大弯矩 $M_{\max}$ 为:

$$M_{\max}=\frac{5}{48}qL^2 \tag{3-3}$$

在此截面上、下表面处,σ 分别取得压应力和拉应力的最大值,岩石抗压能力远大于抗拉能力,可选择梁在截面 $x=L/2$ 处下表面任意一点 $z=-h/2$ 作为固支梁的准断裂点。该点的拉应力 $\sigma_{\max}$ 为:

$$\sigma_{\max}=\frac{M}{W}=\frac{5qL^2}{48bh^2} \tag{3-4}$$

式中　W——抗扭刚度,N/m;

　　　b——梁的宽度,m;

　　　h——梁高度,m。

在工作面回采过程中,推进距离 L 等于推进速度 v 与推进时间 t 的乘积,即:

$$L=vt \tag{3-5}$$

将式(3-5)代入式(3-4)得:

$$\sigma_{\max}=\frac{M}{W}=\frac{5q(vt)^2}{48bh^2} \tag{3-6}$$

(2)推进速度及时间对岩体拉应力的力学影响

在上覆荷载和梁横截面积确定的情况下,根据式(3-6),可做出岩体所受最大拉应力与推进速度和推进时间的关系曲线(图 3-49)。

由图 3-49 可知,当推进时间相同时,推进速度越大,岩体所受应力越大,应力增长速度越快;当推进速度相同时,推进时间越长,即推进距离越远,应力越大,应力增长速度越快。

3.5.2　加载速率对岩体力学性质的影响

(1)加载速率影响定性分析

影响岩体力学性质的因素有两个方面:一方面是构成岩体的岩性、构造、节理、赋存状态等自然因素,它们决定了岩体的根本属性;另一方面是在岩体开挖

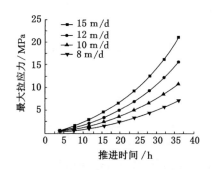

图 3-49　梁中最大拉应力与推进时间关系曲线

过程中,工程作用力对岩体的作用。工作面回采会造成围岩应力的重新分布,这个过程不是瞬时完成的,单位时间内推进速度的不同,必然导致对周围岩体加载速度的不同。

　　试验证明,不同的加载速度对岩石裂纹的扩展以及最终的破坏强度有明显的影响。通过研究发现,加载速度会造成岩石材料破坏形态的改变,材料破坏过程中存在塑性向脆性转变的临界速度。实验室测得不同加载速度下岩石抗拉强度的应力-应变曲线如图 3-50 所示。随着加载速度的提高,会出现应力变化率过大而应变变化率来不及反应仍处于较小的状态,表现为岩石的变形参数、峰值强度随之提高的岩石强度伪增强现象。

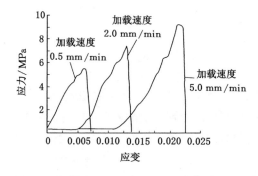

图 3-50　不同加载速度下岩石抗拉强度应力-应变曲线

　　(2) 推进速度与岩石加载速度关系分析

　　岩石的性质可以间接反映岩体的性质,这也说明了推进速度是通过影响顶板岩体的加载速度进而影响顶板的变形破坏的,推进速度越大,顶板岩体表现出的抗拉能力就越强,顶板越不容易破坏。

当岩体承受的应力达到极限承载能力时,岩体结构将被破坏。由以上分析可知,当推进速度增大时,岩体所表现出的强度增大,顶板岩体越不容易被破坏。考虑岩体应力重新分布的时间效应,在一定范围内,随着推进速度的增加,岩体承受最大应力仍小于岩体表现出的伪强度。将岩体视为黏弹性体,工作面推进速度较快时,顶板在同一位置滞留的时间就会较长,岩体的黏性变形就越容易得到发挥,从而较容易发生顶板岩层的弯曲、下沉、离层、断裂和垮落,对顶板管理造成不利的影响;工作面推进速度较快时,顶板在同一位置滞留的时间就会较短,顶板荷载传递不充分,围岩受损伤和变形程度降低。因此在工程实践中,经常会用提高工作面推进速度的方法减缓工作面顶板破坏及矿压显现的强度。

3.5.3　数值模拟方法研究

(1) 模型建立和开挖方案

选取 50205 工作面地质条件,取煤层底板 100 m、上覆岩层 130 m、煤厚 2.28 m,建立模型尺寸选择为 240 m×232.28 m×320 m。计算模型边界载荷条件:考虑工作面在地层中所处最深处约 400 m,垂直应力 10.0 MPa,选用 Mohr-Coulomb 本构模型。模型底部和水平施加位移约束条件。

在现场生产环境中,工作面推进速度具体指代循环时间间隔和截割深度两个方面,而采用数值模拟软件模拟时可通过调节循环步数和采场开挖范围来实现这两个方面的操作。具体模拟方案见表 3-17。

表 3-17　数值计算模拟方案

方案	开挖速度/(m/d)	开挖天数/d	总推进距离/m
1	1.5	20	30
2	3	10	30
3	6	5	30
4	10	3	30
5	15	2	30

(2) 结果分析

围岩应力分布如图 3-51 所示。

从图 3-51 可以看出,随着工作面推进速度的加快,25 MPa 等值线的范围愈来愈小,说明工作面前方煤壁应力集中范围随着推进速度的增加而减小。在不同的推进方案下，围岩应力集中系数分别为 2.38、2.08、1.81、1.66 和 1.53，这说明随着推进速度的加快，围岩应力集中程度也在减弱。

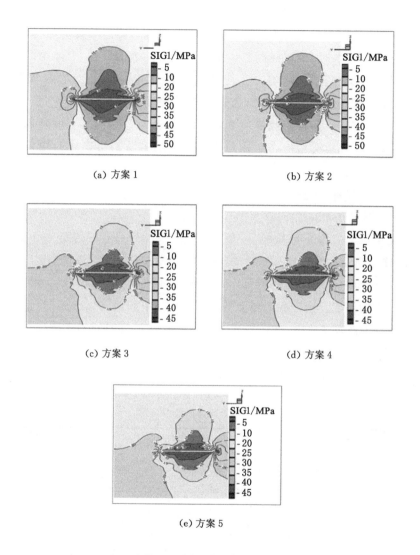

（a）方案 1   （b）方案 2

（c）方案 3   （d）方案 4

（e）方案 5

图 3-51 围岩应力分布情况

不同推进方案下应力集中情况如图 3-52 所示。

从图 3-52 可以看出，集中应力位置距采场煤壁的距离随着工作面推进速度的加快而不断减小。

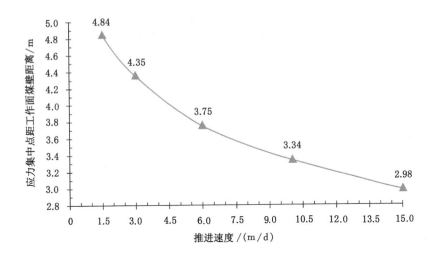

图 3-52 不同方案下应力集中情况

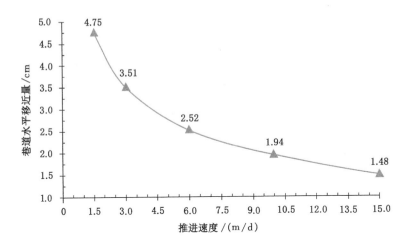

图 3-53 不同推进速度下巷道水平变形情况

（3）围岩变形特征

工作面不同推进速度下的巷道围岩水平变形情况如图 3-53 所示。

由图 3-53 分析可知,巷道围岩水平变形量随着工作面推进速度的加快而减小;工作面推进速度从 1.5 m/d 增加到 15 m/d,巷道水平变形量从 47.5 mm 减小到 14.8 mm,降低幅度较大,由此说明,可以通过提高工作面推进速度的方法来减小巷道水平变形。

不同推进速度下巷道顶板变形统计如图 3-54 所示。

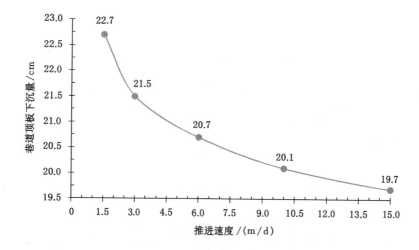

图 3-54　不同推进速度下巷道顶板变形统计

由图 3-54 分析可知,巷道顶板变形量随着工作面推进速度的加快而减小,工作面推进速度从 1.5 m/d 增加到 15 m/d,顶板垂直变形量从 227 mm 减小到 197 mm,顶板下沉得以合理控制。由此说明,可以通过提高工作面推进速度来减小巷道围岩变形,保证工作面安全生产。

4 矿井地应力研究

4.1 地应力的应用及其测量方法

4.1.1 地应力及地应力测量

地应力是存在于地层中的未受工程扰动的天然应力,亦称岩体的初始应力、绝对应力,地应力是在漫长的地质年代里,由于地质构造运动等原因而产生的。在一定时间和一定地区内,地壳中的应力状态是各种起源应力的总和。主要由重力应力、构造应力、孔隙压力、热应力和残余应力等耦合而成,重力应力和构造应力是地应力的主要来源。地应力的形成主要与地球的各种动力运动过程有关,其中包括:板块边界受压、地幔热对流、地球内应力、地心引力、地球旋转、岩浆侵入和地壳非均匀扩容等。另外,温度不均、水压梯度、地表剥蚀或其他物理化学变化等也可引起相应的应力场。而重力作用和构造运动是引起地应力的主要原因,其中以水平方向的构造运动对地应力的形成影响最大。

地壳的应力状态是岩石圈动力学最重要的研究内容,地壳表面和内部发生的各种构造现象及其伴生的物理化学现象都与地壳应力的作用密切相关,因此,研究地壳应力状态,对于解决地球动力学问题和工程应用问题均有十分重要的意义。

地应力测量,就是确定拟开挖岩体及其周围区域的未受扰动的三维应力状态,这种测量通常是通过多个点的量测来完成的。地应力测量是确定工程岩体力学属性、进行围岩稳定性分析、实现岩土工程开挖设计和决策科学化的前提。地应力对矿山开采、地下工程和能源开发等生产实践均起着至关重要的作用,所以地应力研究是当前国际采矿界上的一个前沿性课题,近几十年来,许多国家开展了地应力的测量及应用研究工作,取得了众多的成果。

随着矿区开采现代化进程的不断提高和开采深度的不断增加,对矿区所处的地质条件和应力环境提出了更进一步的要求。查明矿区深部煤炭资源的开采地质条件和应力环境,为深部矿井的设计、建设和生产提供更加精细可靠的地质资料和数据,以便采取有效技术手段和措施,避免和减少灾害的发生,是实现矿井安全高效生产的重要保障。

地应力是引起采矿工程围岩、支架变形和破坏、产生矿井动力现象的根本作用力,在诸多影响采矿工程稳定性的因素中,地应力是最重要和最根本的因素之一。准确的地应力资料是确定工程岩体力学属性,进行围岩稳定性分析和计算,矿井动力现象区域预测,实现采矿决策和设计科学化的必要前提条件。随着采矿规模的不断扩大和开采深度的纵深发展,地应力的影响越加严重,不考虑地应力的影响进行设计和施工往往造成地下巷道和采场的坍塌破坏、冲击地压等矿井动力现象的发生,致使矿井生产无法进行,并经常引起严重的事故,造成人员伤亡和财产的重大损失。

地壳应力状态与地应力测量在研究内容、研究方法和应用范围等方面都有密切联系。从研究内容上,两者都是研究应力活动的强度、主应力量值和方向、应力随深度变化等方面;在研究方法上,地应力测量是地壳应力状态研究中最重要的手段;在应用方面,两者都用来进行大型工程稳定性评价、地下工程合理设计和施工(如选择采场推进方向,巷道轴线方向,支护形式确定和矿井动力现象预测预防)等。

4.1.2 地应力在矿山工程中的应用

地应力状态和岩石力学条件是控制地下工程稳定性的重要因素。在矿山工程稳定性设计中,地应力测量要与工程地质调查、岩石力学试验和应力场数值模拟结合起来,为工程稳定性设计与评价提供依据。地应力测量主要应用于以下几个方面:

(1)选择巷道布置方向;

(2)选择采场推进方向;

(3)选择巷道断面形状;

(4)选择支护形式和支护参数;

(5)选择开采顺序;

(6)选择顶板管理方法。

地下岩体内掘进巷道后,由于地应力和二次应力的作用,会使巷道和硐室发生变形和破坏。就巷道的稳定性而言,为使巷道周边的应力集中程度减到最小,在选择巷道的位置、方向以及巷道断面形状时,岩体中的应力状态是一个决定性因素。

随着巷道轴向与构造应力场方向夹角的增大,巷道围岩受力状况逐渐趋于恶化,基于此,提出在布置巷道时,尽可能使巷道轴线方向与最大水平主应力方向以小角度相交(最好趋于一致),如图 4-1 所示。

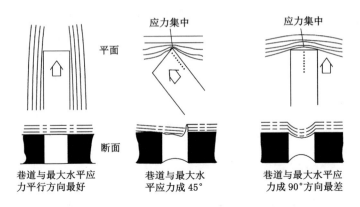

图 4-1　最大水平应力与巷道顶底板的稳定性关系

澳大利亚学者盖尔提出最大水平应力理论,认为巷道顶底板的稳定性主要受水平应力的影响,且有三个特点:

(1)与最大水平应力平行的巷道受水平应力影响最小,顶底板稳定性最好;

(2)与最大水平应力成锐角相交的巷道,其顶底板变形破坏偏向巷道某帮;

(3)与最大水平应力垂直的巷道,顶底板稳定性最差。

实测和研究表明,当水平应力大于垂直应力时,巷道的轴向应选择在最大水平主应力方向上;当垂直应力大于水平应力时,巷道的轴向应选择在最小水平主应力方向上。

在不同的边界地应力作用下,巷道断面几何形状不同,其周边受力状况不同。如图 4-2、图 4-3 所示。巷道的断面形状是设计工作需考虑的重要问题之一。

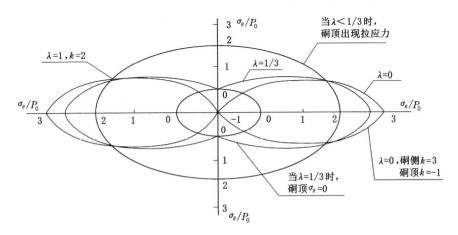

图 4-2　硐壁应力 σ_θ 总应力集中系数变化图

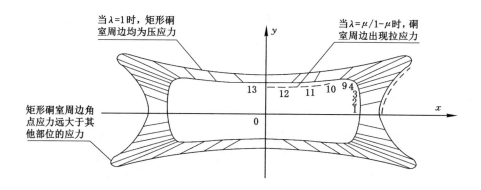

图 4-3　矩形硐室($a:b=1.8$)周边应力分布图

　　构造应力对巷道围岩稳定性影响是非匀称的,随着水平构造应力的增加,巷道顶底部的塑性区范围逐渐增大,尤其在巷道的肩角增加更为明显;当侧压系数 λ 大于极限值后,巷道围岩塑性区迅速扩大,此极限值随巷道围岩强度的增加而增加,随埋深的增加而减小。只有当巷道断面的几何形状适应于地应力作用方式时,巷道周围才能受力均匀,不出现应力集中区,能够形成压力拱,提高巷道的稳定性。

　　因此,在工程条件复杂、岩体强度较低、稳定性差的条件下,力求使巷道断面形状与地应力相适应,使巷道围岩的应力呈近均匀分布,围岩的稳定性处于最佳状态。

4.1.3　地应力测量方法

　　岩体地应力测量主要是指对处于地下原始状态的岩(矿)中的某点的应力或应变的测量。目前各国采用和正在研究的测定地应力的方法主要有水压致裂法、应力解除法等(见表 4-1)。阜新工大振发矿业工程科技有限公司多年来致力于地应力方面的测量与研究,使用空芯包体应力解除法在诸多矿区进行了地应力测量工作,测量效果良好。

表 4-1　地应力测量常用方法

测量方法	特点	适用范围	缺点
水压致裂法	设备简单、操作方便、测值直观、测值代表性大、适应性强、测量深度大	测量应力的空间范围较大,在没有可利用的巷道、硐室时,更能显示其优越性	测得的主应力方向定位不准,测得结果的精度不高;成本较高

表 4-1(续)

测量方法	特点	适用范围	缺点
应力解除法	测量精度相对较高	适用于矿山中的现有巷道和硐室	测量地点较为局限;运用上存在一些技术上的困难
应力恢复法	理论基础严密	仅适用于岩体表层	不能测量岩体中的主应力方向,工作量很大
声发射法	工作量小,可保持研究地块的完整性,在同一测点和测区可进行多次测量	适用于高强度的脆性岩石	使用范围比较局限,不适用于较软弱疏松的岩体,精度较低

(1) 应力解除法的基本原理

空芯包体测量方法属应力解除法(也称套芯法)。应力解除法是测量地应力绝对值的常用方法,其主要步骤是:在测量地应力的地方先打测量小孔,把测量元件安装在预定的深度位置,记录仪器读数,然后钻一个与小孔同心的大孔[这一过程称为套芯应力解除(图 4-4),其主要步骤是:在应力解除槽开挖过程中,由于岩芯脱离了地应力的作用而发生弹性恢复,钻孔发生相应的应变和变形,仪器读数也随之发生变化]。利用钻孔的应变和变形,按照弹性理论推导出的公式,计算出地应力的大小和方向。

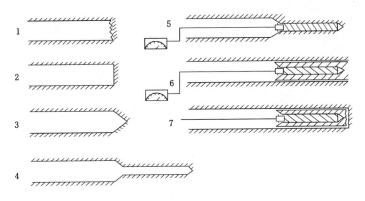

1—钻直径 130 mm 大孔;2—磨平孔底;3—钻喇叭口;4—钻直径 36 mm 小孔;
5—安装应力计;6—套芯解除应力;7—折断岩芯并取出。

图 4-4 应力解除流程图

(2) 应力解除法的种类

① 钻孔位移法

钻孔位移法又称为钻孔变形法。它是通过测量解除槽开挖前后钻孔孔径的变化来测量地应力。使用的传感器称为钻孔变形计。

② 钻孔应变法

钻孔应变法又分为孔底应变法和孔壁应变法。孔底应变法是通过测量解除前后钻孔底面的应变变化来测量应力,孔壁应变法则是通过测量解除前后钻孔孔壁表面的应变变化来测量地应力。

③ 钻孔应力法

钻孔应力法是将刚性的钻孔变形计置于钻孔内,利用测量解除前、后变形计上的压力变化来测量地应力。变形计上的压力变化与钻孔孔径变化有关。通过力学分析,可以建立变形计的压力与地应力的解析表达式。这种刚性变形计称为钻孔应力计。

(3) 应力解除法常用的测试仪器

① KX-81 型空芯包体式三轴地应力计

KX-81 型空芯包体式三轴地应力计是由地质力学研究所制造的,如图 4-5 所示。这种应力计是 CSIRO 应力计的一种改进型,目前这种测试仪器在我国得到广泛应用。

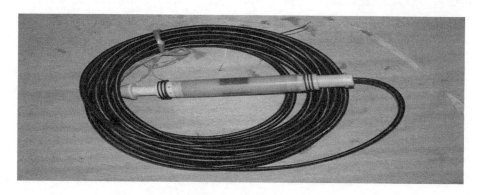

图 4-5 KX-81 型空芯包体式三轴地应力计

KX-81 型空芯包体式三轴地应力计是利用孔壁应变解除法进行地应力测量的仪器,可在单孔中通过一次套芯解除应变获得三维应力状态,具有使用方便、安装操作简单、成本低、效率高等优点。

应力计由嵌入环氧树脂筒中的 12 个电阻应变片组成。将 3 枚应变花(每枚应变花有 4 个应变片)沿环氧树脂筒圆周相隔 120°粘贴,然后再用环氧树脂浇注外层,使电阻应变片嵌在筒壁内(外层厚度约为 0.5 mm)。在应力计的顶部有一个补偿应变片,如图 4-6 所示。

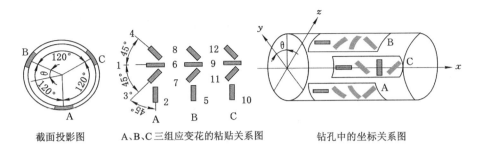

图 4-6 三组应变花的分布位置示意图

KX-81 型空芯包体三轴地应力计结构如图 4-7 所示。环氧树脂圆筒有一个内腔，用来装粘结剂，另有一个环氧树脂柱塞。使用时，在圆筒内腔装满粘结剂，让柱塞插入内腔约 1.5 cm 深处，用固定销将其固定。柱塞的另一端有一导向定位头，以便将应力计顺利地安装在小孔中所需要的位置上。将应力计送入钻孔中预定位置后，用力推动安装杆，可使固定销切断，继续推进可使粘结剂经柱塞小孔流出，进入应力计和小孔壁之间的间隙中，经过一定的时间，粘结剂固化后，即可进行套芯解除。

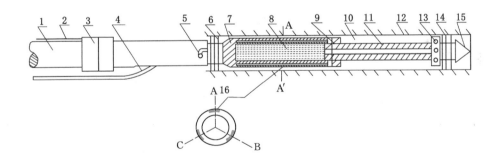

1—安装杆；2—定向器导线；3—定向器；4—读数电缆；5—定向销；6—密封圈；7—环氧树脂筒；
8—空腔(内装粘结剂)；9—固定销；10—应力计与孔壁之间的空隙；11—柱塞；12—岩石钻孔；
13—出胶孔；14—密封圈；15—导向头；16—应变花。

图 4-7 KX-81 型空芯包体三轴地应力计结构示意图

应力计的外径为 35.5 mm，工作长度为 150 mm，可安装在直径为 36～38 mm 的小钻孔中，应变计具有良好的绝缘防水性能。

② SDX 水平定向仪

SDX 水平定向仪用来确定水平或倾斜钻孔中地应力计应变片的方向。显示器由三位半袖珍式数字万用表改装而成，它的作用是供给转换器一个恒压电源和显示测量读数。转换器由圆形的高精度线性快速电位器、重锤、外壳、安装卡头组成。电位器固定在外壳上，重锤固定在电位器旋转轴上，使重锤与滑动臂相对固定不变，由于重力作用，重锤永远指向重力方向，因此滑动臂的指向也固定不变。当电位器电阻膜片随着外壳旋转时，滑动臂与电阻膜片上的参考点之间的夹角将发生变化。测出电压的变化即可求算出探头的安装角度。部分测量仪器如图 4-8 所示。

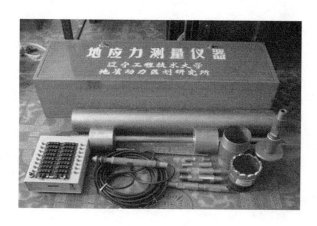

图 4-8　地应力测量仪器

③ 静态电阻应变仪

目前空芯包体地应力测量中使用的 YJK4500 静态电阻应变仪是由煤炭科学研究总院北京开采所生产的。特点是稳定性好、灵敏系数调节范围宽、电阻平衡范围宽、量程宽、分辨率高、精度高。仪器按安全型电路设计，密封便携，可应用于野外及煤矿井下，是现场进行钻孔应力解除中可靠的测量工具。

4.2　地应力测量地点选择及工作流程

4.2.1　地应力测量地点选择

地应力测量地点选择要满足以下要求：

（1）测量地点的地应力值应能确切反映该区域岩体应力的一般水平，因此选择的地点应避开褶曲、断层和地质构造带；无采动影响和工程影响。

（2）采用空芯包体应力计，测量地点应尽量选择在较完整、均质、层厚合适的稳定岩层中。

（3）选择测量地点时必须注意避免地应力测量期间与巷道施工或其他生产工序的相互影响,同时选择接水接电方便的地点。

4.2.2 地应力测量工作流程

（1）钻进测量孔

施工流程如图 4-9 所示。用液压 100～300 型钻机钻进。在选定测点先钻一直径为 113 mm 的钻孔达预定深度,选定地点要避开巷道周围应力集中区,对于水平孔,钻孔要上倾 5°～8°,便于水和岩粉顺利排出;用相同口径的尖钻头打一个导向用的喇叭口,如图 4-10 所示,深度约 6～8 cm(如果孔较浅,岩石节理裂隙较发育时,一般尖孔打 5 cm 左右,以使开钻解除时不会因起始岩芯壁薄破碎掉块而卡断岩芯,导致解除失败)。然后钻一个孔径为 36 cm 的测量小孔。测量孔要求孔壁圆滑,孔径一致;小孔深度为 35～40 cm,小孔钻进过程中,加压必须均匀,并保证有足够的水量,以使岩粉排出;要根据空芯包体外径和岩性情况,挑选合适外径的小孔钻头;打测量小孔过程中,最好不要中途停钻,保持均匀速度钻进,直至所需深度,以保证元件安装部位孔径一致,孔壁光滑。测量小孔打成后,用清水将孔内冲洗干净。

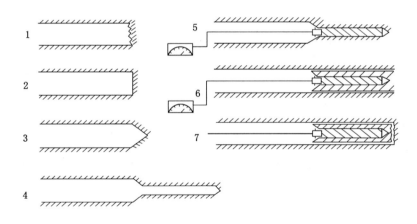

1—钻直径 130 mm 大孔;2—磨平孔底;3—钻喇叭口;4—钻直径 36 mm 小孔;
5—安装应力计;6—套芯解除应力;7—折断岩芯并取出。

图 4-9　施工流程图

（2）定向仪安装

将 SDX 水平定向仪(如图 4-11 所示)安装在安装杆的前部,引出导线。定向仪的前部则用于安装探头。

（3）应力计的安装

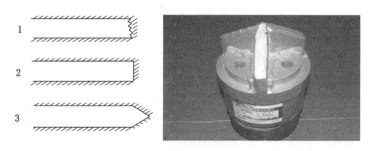

图 4-10　锥形钻及钻孔形态

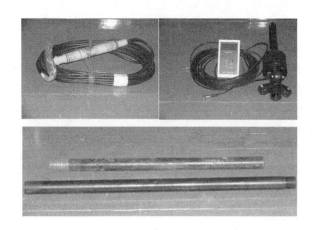

图 4-11　定向仪、安装杆及包体实物图

　　清洗和擦净钻孔后,准备安装应力计。将空芯包体应力计按规定方向安装于定向仪的前部,引出测量导线,调整好定向插头,先将 A、B 两种粘结剂按比例倒入应力计空腔内,固定好柱塞,用带有定向仪的安装杆细心地将应力计送到小孔内,用力将柱塞推入应力计空腔内,将粘结剂挤入应力计与小孔之间的缝隙中,此时应力计安装完毕。这时要注意,不要让导线缠绕在钻杆上,并按要求施加适当的预应力,安装完应力计后将定向仪读数记录下来。

　　(4) 解除前的准备工作

　　经 24 h 固化,在测量应力计安装角度之后,取出定向仪,解除前将导线从钻头、岩芯管、钻杆穿过,最后从旋转水接头(钻杆的水接头)处引出,与仪器相连接,以便用仪器监测各元件在解除过程中读数变化情况,这时可以开始冲水试验,水温应与环境温度一致,在冲水过程中,仪器读数稍有变化,经过一段时间后,仪器读数就稳定下来,此时可以开钻解除。

　　(5) 解除过程

用直径为 113 mm 的套芯钻头在原钻孔内延深钻进,与小孔同心钻取岩芯,这一过程称为开挖应力解除槽,随着应力解除槽的加深,岩芯逐渐脱离周围应力场作用,于是岩芯发生弹性恢复,安装于小孔中应力计上的荷载随之变化,因而,仪器读数也发生变化。应力解除槽逐渐加深,在应力解除过程中要跟踪测量,当套芯进尺超过应力计安装位置且各应变片读数趋于稳定时,停止钻进取出岩芯。为了取芯顺利,通常多钻进几厘米,经验表明,空芯包体应力计的解除深度应大于 30 cm。具体如图 4-12 所示。

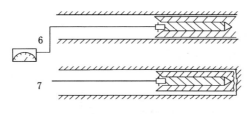

图 4-12　包体解除示意图

4.3　地应力测量及计算分析

地应力现场测量的准备工程量一般并不大,需要一个能容纳钻机以及便于操作和观测的普通硐室。所需设备也较简单,一台普通的地质钻机加上必需的专用钻具,如磨平钻头、变径接头、取芯管等。但是,地应力测量又是一项要求十分精细的工作,地质构造、巷道分布特征、采掘活动、施工空间、测试位置岩石的赋存特点等因素都会对地应力的测量造成影响,任何失误都可能导致测试失败。除需要精确的传感器及数据采集系统外,地应力测量对钻孔的平直度、孔径偏差、大小孔的同心度都有很高要求,对井下各个环节的操作要求较高,如钻机运行的平稳性、钻进速度等,最主要的还是测试地点位置的确定。

4.3.1　地应力测试位置的确定

对测试地点的要求一般包括三个方面:

(1)测试地点的地应力状态应能确切反映该区域的一般情况,地应力测试地点的选择应具有代表性。

(2)受地应力测试方法的限制,应尽可能在较完整、均质、层厚合适的顶底板稳定岩层中进行。

(3)为避免地应力观测期间与巷道施工或其他生产工序的相互影响,应施工专门的地应力测量硐室。

为了保证测试的准确性和有代表性,测点的选择应避开大的构造带、巷道群、应力集中区以及受采动影响的区域;测点处的顶板应相对完整;通风、水、电和运输系统必须完备;巷道的高、宽应满足打钻要求。

根据地应力测试地点要求,结合禾草沟煤矿具体的巷道布置情况,项目组成员与矿方负责人根据地质条件决定在已掘巷道中有选择性地布置三个测点:1号测点选择在中央总回风巷 850 m 处(巷道标高 1 016.4 m,对应地表标高 1 200 m,垂直深度 183.6 m);2 号测点选择在中央总回风巷 1 240 m 处(巷道标高1 019 m,对应地表标高 1 250 m,垂直深度 231 m);3 号测点选择在中央总回风巷 1 400 m 处(巷道标高 1 007 m,对应地表标高 1 270 m,垂直深度 263 m),如图 4-13、图 4-14 和图 4-15 所示。

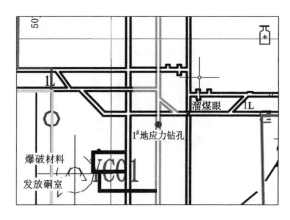

图 4-13　中央总回风巷 850 m 处

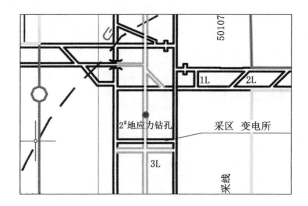

图 4-14　中央总回风巷 1 240 m 处

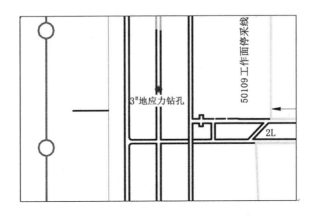

图 4-15　中央总回风巷 1 400 m 处

4.3.2　地应力方向与分量的计算

地应力测量过程中对空心包体进行应力解除后可获得 12 组应变数据,并得到相应的应力解除曲线,如图 4-16 所示,该曲线分为三个阶段:第一阶段,随着解除深度的增加,应力集中区也随之向前推进,当应力集中区到达应变片附近的岩石时,仪器所测得的应变减小,甚至变为负数;第二阶段,随着解除的继续推进,应变片附近的岩石由于应力解除而产生弹性恢复,应变开始增大,并且增大速度较快;第三阶段,解除通过应变片附近的岩石,岩石充分进行了弹性恢复,应变片所感应到的应变也趋于稳定。

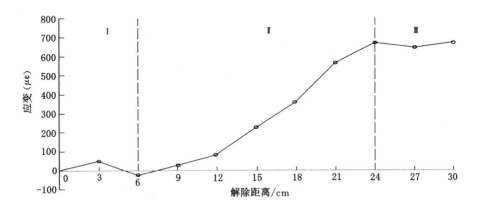

图 4-16　理想状态下应力解除过程曲线

地应力值的计算首先是以钻孔为基准建立坐标系,计算出该坐标系下的地应力值,一般用 6 个参量表示,即:σ_x、σ_y、σ_z、τ_{xy}、τ_{yz}、τ_{zx}。其次,建立该坐标系与大地坐标系之间的关系矩阵,通过换算可得到大地坐标系下的地应力值,即:σ'_x、σ'_y、σ'_z、τ'_{xy}、τ'_{yz}、τ'_{zz}。

根据地应力实测应变值,可计算出钻孔坐标系下的地应力值,其公式如下:

$$\varepsilon_\theta = \frac{1}{E}\{(\sigma_x + \sigma_y)k_1 + 2(1-\mu^2)[(\sigma_y - \sigma_x)\cos 2\theta - 2\tau_{xy}\sin 2\theta]k_2 - \mu\sigma_z k_4\}$$

$$(4-1)$$

$$\varepsilon'_z = \frac{1}{E}[\sigma_z - \mu(\sigma_x + \sigma_y)]$$

$$(4-2)$$

$$\gamma_{\theta z} = \frac{4}{E}(1+\mu)(\tau_{yz}\cos\theta - \tau_{zx}\sin\theta)k_3$$

$$(4-3)$$

式中　ε_θ——空心包体应变计所测周向应变值;

　　　ε_z——空心包体应变计所测轴向应变值;

　　　$\gamma_{\theta z}$——空心包体应变计所测剪切应变值。

根据钻孔参数以及空心包体安装偏转角,可建立钻孔坐标系与大地坐标系之间的关系矩阵,由此可计算出大地坐标系下的地应力值。

4.3.3　地应力测量过程及计算

地应力测量首先采用 $\phi113$ mm 金刚石钻头取芯钻进,形成 $\phi113$ mm 的基础测量孔。在钻进到要求的测量深度,形成符合要求的基础孔后,再同心钻进 $\phi36$ mm 的测量孔,然后安装测量传感器。经 24 h 固化后,进行应力解除测试。根据地应力测试要求,钻孔深度应在 8 m 以上,以保证测点处于原岩应力区。结合巷道几何关系,本次测量在基础孔钻进至 8.0 m 孔深时布置测点,空芯包体应力计应安装在硬度较大、强度较高的岩层中,可由钻孔作业时钻进速度较慢和实验室测试结果看出。钻进过程中取芯比较完整,取芯率较高,岩石质量指数 RQD[(10 cm 以上岩芯累计长度/钻孔长度)×100%]可达 60%。

(1)地应力现场实测

现场实测采用 KBJ-16 型矿用智能数字应变仪作解除过程的数据记录,解除过程中每钻进 5 cm 停钻读取各通道应变值,直至将包体完全解除。实测曲线反映了取芯钻进过程中 KX81-1 型传感器中不同方向的应变片随解除距离的应变变化情况,是计算地应力的基础依据,实测曲线如图 4-17 至图 4-19 所示。

(2)岩芯变形参数测试

岩芯的变形参数弹性模量 E 和泊松比 μ 是地应力计算所必需的岩石特征参数。实验室内将钻孔采集岩芯制作成高径比 2∶1 的圆柱形试件,放在压力机上加压,用电阻应变仪测试不同应力作用下岩石试件的应变或变形值。电阻应

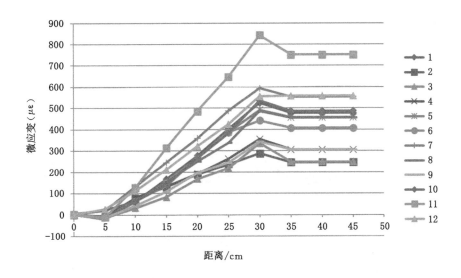

图 4-17　1 号测点应力解除曲线

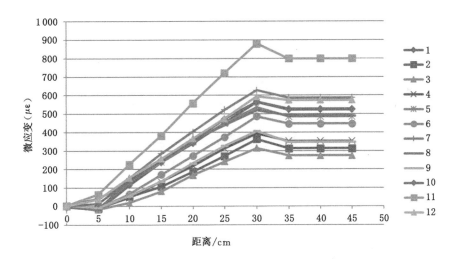

图 4-18　2 号测点应力解除曲线

变仪测量岩石应变的原理是将电阻应变片粘贴在试件的侧面上,当岩石受压产生变形时,粘贴在试件上的应变片与岩石一起变形,应变片变形后其电阻值发生变化,通过电阻应变仪的电桥装置测出电阻值并转换成应变值,此值即为岩石应变值。然后,绘制出应力-应变曲线。

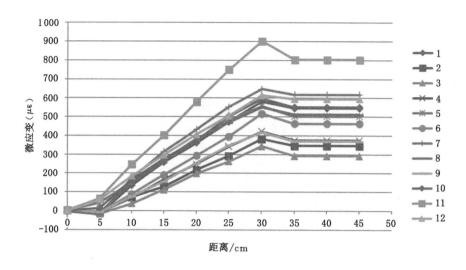

图 4-19   3号测点应力解除曲线

① 弹性模量

在应力-纵向应变曲线上直线段的斜率为切割模量（通称弹性模量），可按下式计算：

$$E_t = \frac{\sigma_b - \sigma_a}{\varepsilon_b - \varepsilon_a} \qquad (4\text{-}4)$$

式中 E_t——切线模量，MPa；

σ_a——应力-应变曲线中直线段始点应力，MPa；

σ_b——应力-应变曲线中直线段终点应力，MPa；

ε_a——应力-应变曲线中直线段始点应变值；

ε_b——应力-应变曲线中直线段终点应变值。

② 泊松比

根据应力-纵向应变和应力-横向应变两曲线上对应直线段部分纵向应变和横向应变的平均值计算泊松比，可按下式计算：

$$\mu = \frac{\varepsilon_{dp}}{\varepsilon_{lp}} \qquad (4\text{-}5)$$

式中 μ——泊松比；

ε_{dp}——应力-横向应变曲线上对应直线段部分应变的平均值；

ε_{lp}——应力-纵向应变曲线上对应直线段部分应变的平均值。

利用钻孔取出的岩芯，在实验室加工成标准试块并对试件进行贴片，通过单轴压缩试验测定岩芯的弹性模量、泊松比。测试设备及过程如图 4-20、图 4-21

所示,试验结果见表 4-2。

图 4-20 岩石力学动态测试系统

图 4-21 岩芯试样力学测试

表 4-2 岩石(岩芯)力学参数测定结果

岩石名称	序号	试件尺寸		破坏载荷 /kN	弹性模量 /MPa	泊松比	平均弹性模量/MPa	平均泊松比
		边长/cm	高/cm					
1号测点	1	4.98	10.03	103.4	17 272	0.25	16 774	0.25
	2	5.10	10.09	93.2	16 575	0.26		
	3	5.00	10.05	87.5	16 475	0.25		
2号测点	1	5.10	10.05	83.4	16 082	0.23	16 365	0.24
	2	5.05	10.02	85.2	16 129	0.24		
	3	5.05	10.03	97.5	16 884	0.24		
3号测点	1	5.05	10.05	85.8	16 226	0.26	15 835	0.25
	2	5.05	9.99	81.5	15 717	0.25		
	3	5.00	10.02	78.3	15 562	0.25		

根据实测数据、测点岩石力学性质参数及钻孔的几何参数等(表 4-3),应用 KX81-1 空芯包体地应力计算软件,计算出测点地应力分量及主应力大小和方向,最终得到该测点的地应力结果,见表 4-4。

表 4-3 地应力现场实测数据和实验室岩芯变形参数测定结果

测点名称	孔深/m	钻孔方位/(°)		变形参数		解除终应变值($\mu\varepsilon$)											
		方位角	倾角	弹性模量/MPa	泊松比	1	2	3	4	5	6	7	8	9	10	11	12
1号测点	8.0	90	4	16 774	0.25	477	246	248	305	456	407	554	455	305	487	751	558
2号测点	8.0	90	4	16 365	0.24	523	313	274	353	486	447	588	491	347	527	799	575
3号测点	8.0	90	4	15 835	0.25	545	346	292	374	503	464	618	512	369	552	803	595

表 4-4 地应力测量计算结果汇总表

测点位置	垂深/m	主应力类别	主应力值/MPa	方位角/(°)	倾角/(°)
1号测点	183.6	最大主应力 σ_1	9.61	95.2	1.89
		中间主应力 σ_2	5.40	58.23	−87.64
		最小主应力 σ_3	4.55	185.15	−1.42
2号测点	231	最大主应力 σ_1	10.18	95.66	1.29
		中间主应力 σ_2	5.57	59.98	−88.42
		最小主应力 σ_3	4.78	185.64	−0.92
3号测点	263	最大主应力 σ_1	10.45	95.3	2.05
		中间主应力 σ_2	5.66	58.72	−87.45
		最小主应力 σ_3	4.91	185.24	−1.52

4.3.4　地应力计算结果及特征分析

按金尼克理论计算各测点原岩应力值分别为：

（1）1号测点

理论垂直应力：$\sigma_z = \gamma H = 2\,500 \times 183.6 = 4.59$（MPa）

理论水平应力：$\sigma_x = \sigma_y = \lambda \sigma_z = 0.25/(1-0.25) \times 4.59 = 1.53$（MPa）

实测最大主应力/理论计算水平应力$=9.61/1.53=6.28$

（2）2号测点

理论垂直应力：$\sigma_z = \gamma H = 2\,500 \times 231 = 5.78$（MPa）

理论水平应力：$\sigma_x = \sigma_y = \lambda \sigma_z = 0.24/(1-0.24) \times 5.78 = 1.83$（MPa）

实测最大主应力/理论计算水平应力$=10.18/1.83=5.56$

（3）3号测点

理论垂直应力：$\sigma_z = \gamma H = 2\,500 \times 263 = 6.58$（MPa）

理论水平应力：$\sigma_x = \sigma_y = \lambda \sigma_z = 0.25/(1-0.25) \times 6.58 = 2.19$（MPa）

实测最大主应力/理论计算水平应力$=10.45/2.19=4.77$

由实测和理论计算结果可以看出，禾草沟煤矿实测的最大主应力与理论计算水平应力比值分别为6.28、5.56和4.77，说明禾草沟煤矿处于明显的区域构造应力场影响之下。

通过对禾草沟煤矿进行地应力测量，并对测试结果进行计算，结合相关地质资料综合分析可以得出矿井地应力场具有以下特征和规律：

（1）1号测点最大水平主应力为9.61 MPa，最小水平主应力为4.55 MPa，垂直主应力为5.40 MPa；2号测点最大水平主应力为10.18 MPa，最小水平主应力为4.78 MPa，垂直主应力为5.57 MPa；3号测点最大水平主应力为10.45 MPa，最小水平主应力为4.91 MPa，垂直主应力为5.66 MPa。根据相关判断标准：0～10 MPa为低应力区，10～20 MPa为中等应力区，20～30 MPa为高应力区，大于30 MPa为超高应力区。由此判断1号测点区域地应力场在量值上属于低应力区；2号测点和3号测点区域地应力场在量值上属于中等应力区。

（2）从测试结果来看，三个测点最大水平主应力大于垂直应力，最小水平主应力为最小主应力，应力场类型为"$\sigma_H > \sigma_v > \sigma_h$"型应力场，即最大、最小主应力为水平主应力，中间主应力为垂直应力。确定禾草沟煤矿的应力场类型为大地动力型（压缩区）。

相关研究结果表明，水平主应力对巷道顶底板的影响作用大于对巷道两帮的影响，垂直应力主要影响巷道的两帮受力和变形。

（3）三个测点最大水平主应力方向分别为方位角95.2°（相当于ES5.2°）、方位角 95.66°（相当于 ES5.66°）和方位角 NE 95.30°（相当于 ES5.3°），根据测试结果初步判断测试区域最大水平主应力方向为 ESE 向，如图 4-22 所示。

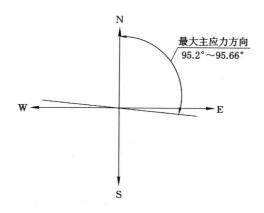

图 4-22　禾草沟煤矿最大水平主应力方向

（4）最大水平主应力与垂直应力之比分别为 1.78、1.83、1.85，平均为 1.82，1号测点实测垂直应力比按理论上计算上覆岩层垂直应力结果略大，2 号和 3 号测点实测垂直应力比按理论上计算上覆岩层垂直应力结果略小。

（5）根据禾草沟煤矿地应力测量结果，得最大主应力-深度回归曲线如图 4-23、图 4-24 和图 4-25 所示。最大主应力-深度关系为：$y = 0.010\ 7x + 7.665\ 6$；中间主应力-深度关系为：$y = 0.003\ 3x + 4.798\ 3$；最小主应力-深度关系为：$y = 0.004\ 6x + 3.717\ 1$。

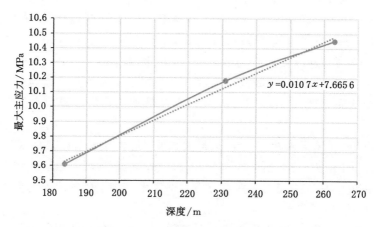

图 4-23　最大主应力-深度回归曲线

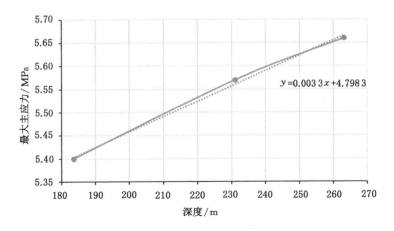

图 4-24　中间主应力-深度回归曲线

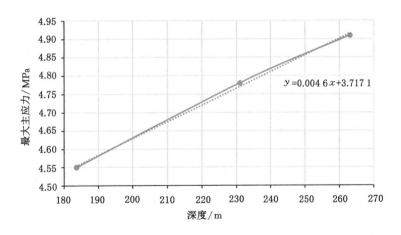

图 4-25　最小主应力-深度回归曲线

（6）结合矿井测试区域地应力场与巷道支护设计和施工来分析，在巷道施工的过程中应及时对围岩施加合理的预紧力，减少巷道的初期变形，保持围岩的完整性和稳定性。矿井水平构造应力占优势时易导致巷道顶板变形破坏和底鼓现象发生，巷道顶底板的变形与巷道两帮移近也存在很大的相关性，应重视巷道支护体系强度和刚度，提高支护体及围岩组合系统的自身承载能力，保证巷道的安全使用。

（7）基于矿井测试区域地应力场的分布特征，合理布置巷道，在条件允许的情况下尽可能沿 ESE 向布置巷道，即巷道轴线方向尽可能与最大水平主应力方向一致，角度越小，越有利于巷道围岩的稳定与控制。

4.4　总结与建议

4.4.1　总结

采用应力解除法对禾草沟煤矿井下三处地点进行了地应力测试,对测量结果进行研究分析,结论如下:

(1)1号测点最大水平主应力为 9.61 MPa,最小水平主应力为 4.55 MPa,垂直主应力为 5.40 MPa;2号测点最大水平主应力为 10.18 MPa,最小水平主应力为 4.78 MPa,垂直主应力为 5.57 MPa;3号测点最大水平主应力为10.45 MPa,最小水平主应力为 4.91 MPa,垂直主应力为 5.66 MPa。根据相关判断标准:0~10 MPa为低应力区,10~20 MPa 为中等应力区,20~30 MPa 为高应力区,大于 30 MPa 为超高应力区。由此判断1号测点区域地应力场在量值上属于低应力区;2号测点和3号测点区域地应力场在量值上属于中等应力区。

(2)从测试结果来看,三个测点最大水平主应力大于垂直应力,最小水平主应力为最小主应力,应力场类型为"$\sigma_H > \sigma_v > \sigma_h$"型应力场,即最大、最小主应力为水平主应力,中间主应力为垂直应力。确定禾草沟煤矿的应力场类型为大地动力型(压缩区)。相关研究结果表明,水平主应力对巷道顶底板的影响作用大于对巷道两帮的影响,垂直应力主要影响巷道的两帮受力和变形。

(3)三个测点最大水平主应力方向分别为方位角 95.2°(相当于 ES5.2°)、方位角 95.66°(相当于 ES5.66°)和方位角 NE 95.30°(相当于 ES5.3°),根据测试结果初步判断测试区域最大水平主应力方向为 ESE 向,最大水平主应力与垂直应力之比分别为 1.78、1.83、1.85,平均为 1.82,1号测点实测垂直应力比按理论上计算上覆岩层垂直应力结果略大,2号和3号测点实测垂直应力比按理论上计算上覆岩层垂直应力结果略小。

(4)对测试结果进行回归分析得出,最大主应力-深度关系为:$y = 0.010\ 7x + 7.665\ 6$;中间主应力-深度关系为:$y = 0.003\ 3x + 4.798\ 3$;最小主应力-深度关系为:$y = 0.004\ 6x + 3.717\ 1$。

4.4.2　建议

(1)矿井水平构造应力占优势,易导致巷道顶板变形破坏和底鼓现象发生,巷道顶底板的变形与巷道两帮移近也存在很大的相关性,应重视巷道支护体系强度和刚度,提高支护体及围岩组合系统的自身承载能力,保证巷道的安全使用。

(2)基于矿井测试区域地应力场的分布特征,合理布置巷道,在条件允许的情况下尽可能沿 ESE 向布置巷道,即巷道轴线方向尽可能与最大水平主应力方向一致,角度越小,越有利于巷道围岩的稳定与控制。

5　巷道支护动态设计与优化

　　根据支护设计过程,本章以地应力测量、松动圈测试、岩石力学性质测试为基础,以现代支护理论为依据,以数值模拟分析和现场应用监测反馈为方法,以保证巷道围岩稳定为目标,进行支护参数设计与优化,形成设计→模拟→应用→监测分析→反馈→修正设计的体系,建立技术可行、安全可靠和经济合理的巷道闭环支护理论体系。

5.1　巷道围岩松动圈测定及围岩分类研究

5.1.1　巷道围岩松动圈理论

（1）围岩松动圈的概念

　　松动圈理论认为,开巷以后巷道围岩应力将发生显著变化,巷道周边径向应力(σ_r)为 0,围岩强度明显下降;围岩中出现应力集中现象。如果集中应力小于岩体强度,围岩将处于弹塑性状态。当围岩应力超过围岩强度之后,巷道周边将首先破坏,并逐渐向深部扩展,直至在一定深度取得三向应力平衡为止。此时,围岩已过渡到破碎状态。围岩中产生的这种松弛破碎带被定义为围岩松动圈(L_P),如图 5-1、图 5-2 所示。

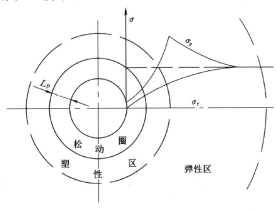

图 5-1　开巷后围岩状态的理论分析

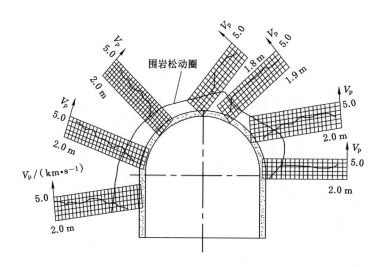

图 5-2　围岩松动圈实测结果

（2）围岩松动圈的性质

① 围岩松动圈形状：由于围岩性质不同，松动圈可能有圆形、椭圆形和异形等形状。

② 围岩松动圈形成的时间性：当 L_P<100 cm 时，松动圈的稳定时间是 10～20 d；当 L_P 为 100～150 cm 时，松动圈的稳定时间是 20～30 d；当 L_P>150 cm 时，松动圈的稳定时间是 1～3 个月。

③ 围岩松动圈与支护的关系：一般的支护不能有效地阻止松动圈的发生和发展。

④ 围岩松动圈与巷道宽度的关系：在相似材料模型试验与现场的对应试验中发现，巷道宽度在 3～7 m 范围内，其他条件不变时松动圈（L_p）变化不明显。

（3）巷道支护的对象

较早的支护理论（普氏理论、太沙基理论）将垮落拱内的岩石重量作为支护载荷，并依此进行支护设计，即支护对象是垮落拱内岩石的重力。

松动圈理论认为，巷道支护的对象除松动圈围岩自重和巷道深部围岩的部分弹塑性变形力外，还有松动圈围岩的变形力。后者往往占据主导地位。简而言之，巷道支护的对象主要是围岩松动圈在形成过程中的岩石碎胀力。

图 5-3 是岩石的伺服机试验结果。试验条件是围压限定在 0 值左右，岩石的应力-应变全过程。试验结果表明，应力-应变曲线是一条常见的岩石特性曲线。轴向应力不断增加到峰值应力。对于轴向应力-轴向应变曲线，岩石在峰值

应力前处于弹性阶段,而在峰值后便丧失承载能力;对于体积应变-轴向应变曲线,岩石的体积应变在弹性阶段呈负增长,而在峰值后体积应变增长迅速,即围岩破裂后形成松动圈时体积发生明显碎胀;对于碎胀应力-轴向应变曲线,其变化趋势同体积应变曲线,即在峰值后具有很大的碎胀力,如试验条件下的泥岩碎胀力可达到 10 kN/m² 。

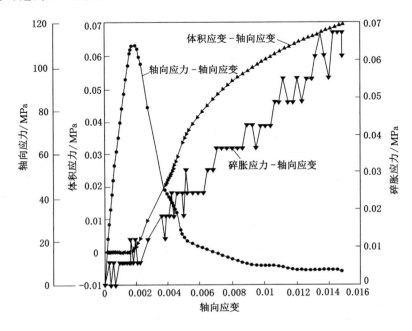

图 5-3 岩石的应力-应变全过程伺服机试验结果

(4)围岩松动圈支护理论

围岩松动圈是开巷后地应力超过围岩强度的结果。在现有支护条件下,试图采用支护手段阻止围岩松动破坏是不可能的。松动圈理论认为,支护的作用是限制围岩松动圈形成过程中碎胀力所造成的有害变形。

支护对破碎围岩的维护作用表现在,松动圈发展变形过程中维持破碎岩块相互啮合不垮落,通过提供支护阻力限制破裂缝隙过度扩张,从而减少巷道的收敛变形。图 5-4 是松动圈形成过程中围岩的声波速度变化曲线,从中可以看到支架与围岩密贴之后,松动岩石又被重新挤压密实。

支护对破碎围岩的加固作用由对有锚杆与无锚杆的模型试验结果得到证明(图 5-5)。如图 5-5 所示,在加载的第一阶段,a-b 段基本重合,强度点很接近,这是由于支护与围岩间"自然空间"的存在,在围岩被破裂前支护对围岩不能起到加固作用,在试块破裂后加载的第二阶段,c-d-e 段曲线说明,锚杆在围岩破碎之后起到了显著的加固作用,而无锚杆的 c-f 段仅表现较低的残余强度。

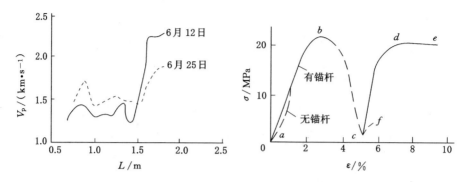

图 5-4　松动圈形成过程中围岩　　　　图 5-5　锚固体应力-应变曲线
　　　　声波速度变化曲线

5.1.2　巷道围岩松动圈测试方法

目前,围岩松动圈常用的方法主要有地质雷达探测法、地震波法、形变-电阻法、多点位移计量测法、声波法和渗透法等。声波法测试技术简单,测试结果准确,是目前最常用的方法。

（1）声波法测试松动圈原理

声波法测试围岩松动圈原理是基于声波在围岩中传播速度的变化,岩体和其他介质一样,当弹性波在岩体中传播时要发生几何衰减和物理衰减,在岩体中不同力学性质的结构面上弹性波要发生折射、散射和热损耗等物理现象,使得弹性波能量不断衰减造成波速降低。由弹性波的波动理论可知,在无限各向同性介质中的波动方程为:

$$\frac{1}{V_p^2} \cdot \frac{\partial^2 \varphi}{\partial t^2} = \frac{\partial^2 \varphi}{\partial x^2} + \frac{\partial^2 \varphi}{\partial y^2} + \frac{\partial^2 \varphi}{\partial z^2}$$

$$\frac{1}{V_s^2} \cdot \frac{\partial^2 \Psi}{\partial t^2} = \frac{\partial^2 \Psi}{\partial x^2} + \frac{\partial^2 \Psi}{\partial y^2} + \frac{\partial^2 \Psi}{\partial z^2}$$

式中　V_p——纵波波速;

　　　V_s——横波波速。

基于各向同性弹性半空间的边界条件和初始条件,得对应的波速与岩石的弹性模量 E、波松比 μ、密度 ρ 之间的关系式为:

$$V_p = \sqrt{\frac{E}{\rho} \cdot \frac{1-\mu}{(1-2\mu)(1+\mu)}}$$

$$V_s = \sqrt{\frac{E}{\rho} \cdot \frac{1}{2(1+\mu)}}$$

　　显然,围岩松动范围的探测,是弹性波测试技术作为边界条件勘测的应用技术。由于纵波具有传播速度快、能量高、现场容易实现等特性,仅利用纵波从事围岩松动范围的探测。一般来说,声波传播速度与下列因素有关:

　　① 围岩中裂隙对弹性波的影响。当弹性波传播方向与裂隙平行时,波速无变化。而当弹性波传播方向与裂隙垂直时,波速则要减少,减少的数值与裂隙的宽度、裂隙的大小、充填物性质以及岩性有关。

　　② 岩体所受力学性质对弹性波的影响。不同的弹性介质,声波传播速度不同。

　　③ 岩体所受应力对声波速度的影响。随着应力增加,在各方向波速均增加,平行于加载方向波速增加最大,其增加速率渐少。而垂直于加载方向,波速增加很少。

　　所以,根据波速在围岩中的分布,就可得出松动圈范围。

　　纵波速度是通过测定钻孔中一定距离(探头长度)围岩的声波传播时间计算得出的。有双孔对测和单孔测试两种方法,双孔对测需要一对平行钻孔,其中一孔安装发射换能器,另一孔在相应深度安装接收换能器(图 5-6),它所反映的是径向裂隙特征,双孔对测对钻孔平行度要求较高,操作不便,目前应用渐少。

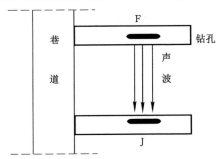

F—发射换能器;J—接收换能器。

图 5-6　双孔测试示意图

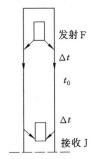

图 5-7　单孔测试原理示意图

　　单孔测试反映的是环向裂隙特征,图 5-7 是单孔测试工作原理示意图。发射换能器 F 在钻孔中发射超声波,沿钻孔壁滑行传播。发射换能器 F 在发射超声波的同时触发计时电路计时,当接收换能器 J 收到超声波信息后停止计时,测出声波在 F-J 长度岩体中的传播时间 t 为:

$$t = \Delta t + t_0 + \Delta t$$

$$\Delta t = \frac{\phi_D - \phi_d}{v}$$

式中　t——仪器显示的发射换能器到接收换能器间的传播时间;

　　　　Δt——声波在钻孔壁与换能器空隙间的传播时间;

t_0——专用波在发射-接收换能器长度范围沿孔壁的传播时间；

ϕ_D——钻孔内径；

ϕ_d——换能器直径；

v——钻孔中耦合水的声波速度。

声波在岩石钻孔中的传播速度为：

$$v = \frac{L}{t - 2\Delta t}$$

式中　v——钻孔中声波速度；

　　　L——换能器 F 与 J 之间的距离。

巷道松动圈采用中国矿业大学科技总厂生产的 BA-Ⅱ超声波围岩裂隙探测仪。其系统组成如图 5-8 所示。它由主机、探头（由发射换能器、接收换能器及开槽塑封管组成）、测管、封孔器、导线等组成。

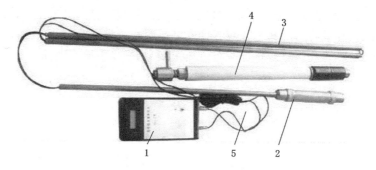

1—主机；2—探头；3—测管；4—封孔器；5—导线。

图 5-8　BA-Ⅱ超声波围岩裂隙探测仪结构

BA-Ⅱ超声波围岩裂隙探测仪主机如图 5-9 所示，其测量结果直接采用液晶显示。开机后，红色电源指示灯亮。每组电池可测 5～10 个钻孔。

探头由发射换能器和接收换能器经由开槽塑封管连接组成，收、发两个换能器可互换使用。测管由铜管制成，每 10 cm 有一尺度槽，共 20 节，螺纹连接。换能器连接塑料管，在仰斜测试时需要胶带缠裹，以防漏水。

超声波测试时，钻孔中需充满水耦合声波传播，一般情况下应将测试钻孔布设在巷道两帮，并将钻孔略向下打 3°～5°以便存水，这样测试起

图 5-9　BA-Ⅱ超声波围岩裂隙探测仪主机

来比较方便,当钻孔仰斜或向上时,为保证钻孔内注满水,需使用封孔器。

　　超声波在岩体中的传播速度与岩体受力状态及裂隙程度有关,当围岩裂隙(破裂缝)多时,波速相对于深度完整无裂隙(未松动破坏)岩(煤)体的波速低。通过岩石钻孔(直径 40～45 mm)测出声波纵波速度在围岩钻孔中的分布变化曲线或时间-孔深曲线,即可判定围岩裂隙(松动)范围。纵波速度是通过测定钻孔中一定距离(探头长度)围岩的声波传播时间计算出来的。发射换能器 F 在钻孔中发射超声波,沿钻孔壁滑行传播。发射换能器 F 在发射超声波的同时触发计时电路开始计时,当接收换能器 I 收到超声波信息后停止计时,测出声波在 F-I 的传播时间,由此计算出波速。仪器工作原理如图 5-10所示。

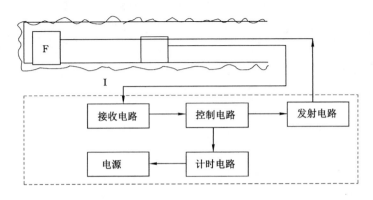

图 5-10　仪器工作原理示意图

　　在钻孔中连续移动超声波探头,即可绘出整个钻孔长度上波速-孔深曲线或者时间-孔深曲线。曲线中波速或时间变化最大的孔深,即为围岩松动圈的范围,如图 5-11 所示。

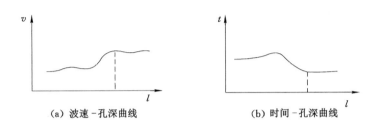

图 5-11　超声波测孔曲线

（2）声波法测试松动圈基本原则

影响松动圈的因素较多，将非应力集中或非应力叠加区域内稳定的松动圈数值定义为松动圈的基准值，它反映的是岩石强度和原岩应力的基本特征。当有巷道经受采动、相邻巷道、断层等因素影响时，松动圈数值要高于基准值，对此应补充测定。

为较好地应用围岩松动圈分类方法，采用以下方法进行松动圈测试：

① 在测试地层中应布置两个以上的测点，以提高测试的可靠性。

② 测站设置应避开交岔点、巷道密集区、躲避硐、断层破碎带附近，以便采集到具有代表性的围岩松动圈基准值。测孔深度应大于松动圈 0.5 m 以上，一般深应为 2～3 m，确保能测出松动圈边界。

③ 测试应在松动圈发展稳定之后进行。一般中小松动圈在开巷道 1 个月后，大松动圈围岩在开巷道 3 个月后测试较为可靠，采动巷道除外。

④ 测站设置不必考虑巷道支护和跨度（在 3～7 m 内）因素，可在压气及供水方便的地段设测站。

⑤ 受采动影响的巷道，应以多次采后的最大松动圈厚度为标准进行分类，并应将矩形与梯形巷道分开。

⑥ 在巷道密集区、断层及煤柱附近、向斜与背斜构造的轴部等应力异常区域，应补充测定。

⑦ 对于重要工程如大断面硐室等，应根据具体情况补充测定。在工程施工期间，对关键部位围岩的松动圈进行监测，若发现与预测不符，则应及时修正其类别与支护参数。

⑧ 围岩松动圈厚度自巷道围岩表面起算，实测围岩松动圈数值如包含支护厚度（喷层、砌碹）时则应扣除。

⑨ 测试时要注意测孔位置超挖与欠挖情况，该因素影响可达 $\pm(0.1～0.25)$ m。

⑩ 对测得的松动圈数值进行分析，排除异常数据之后，以较大的数值作为松动圈的最终深度。

5.1.3　巷道松动圈测试方案及结果

（1）巷道松动圈测试方案

① 测试地点

通过现场调研与分析，选择禾草沟煤矿 50215 胶运巷 1 850 m 处和西翼回风大巷延伸段进行松动圈测试。

② 测试断面钻孔布置情况

测试钻孔的位置：选择一个巷道断面，距巷道交岔口 20 m 以外，在巷道断面的左右两帮各打一个钻孔进行测试(图 5-12),每条巷道选择不同位置的两个断面进行测试。

图 5-12　测试钻孔布置示意图

③ 钻孔参数

打 $\phi 42$ mm 的钻孔,距离巷道底板高 1 m 左右,向下倾斜角度 $3°\sim5°$,孔深 2.5 m。

④ 施工设备

钻机,钻杆,需要供水管路向孔内连续供水,测试仪器:BA-Ⅱ型松动圈测试仪。

(2)巷道松动圈测试结果

① 巷帮松动圈测试

项目组人员于 2019 年 11 月对禾草沟矿 50215 胶运巷和西翼大巷进行了松动圈测试。50215 胶运巷围岩松动圈测试数据见表 5-1、表 5-2,分析结果如图 5-13 至图 5-16 所示。

表 5-1　50215 胶运巷 1 800 m 围岩松动圈测定结果

50215 胶运巷 1 800 m 左帮		50215 胶运巷 1 800 m 右帮	
探头到孔口距离/m	时间/μs	探头到孔口距离/m	时间/μs
2.4	77.8	2.4	65.5
2.3	76.5	2.3	65.7
2.2	75.7	2.2	65.4
2.1	75.0	2.1	66.8
2.0	75.6	2.0	66.5
1.9	74.0	1.9	65.9

表 5-1(续)

50215 胶运巷 1 800 m 左帮		50215 胶运巷 1 800 m 右帮	
探头到孔口距离/m	时间/μs	探头到孔口距离/m	时间/μs
1.8	76.6	1.8	71.8
1.7	80.8	1.7	72.1
1.6	78.1	1.6	74.6
1.5	77.6	1.5	74.9
1.4	80.1	1.4	69.5
1.3	82.1	1.3	73.3
1.2	88.5	1.2	73.8
1.1	88.9	1.1	85.5
1.0	89.3	1.0	85.3
0.9	89.3	0.9	82.1
0.8	89.9	0.8	83.6
0.7	89.5	0.7	89.9
0.6	89.2	0.6	89.6
0.5	89.3	0.5	89.2

表 5-2 50215 胶运巷 1 900 m 围岩松动圈测定结果

50215 胶运巷 1 900 m 左帮		50215 胶运巷 1 900 m 右帮	
探头到孔口距离/m	时间/μs	探头到孔口距离/m	时间/μs
2.4	79.6	—	—
2.3	79.6	2.3	75.3
2.2	80.8	2.2	74.8
2.1	80.8	2.1	76.8
2.0	79.3	2.0	71.4
1.9	78.6	1.9	74.2
1.8	79.5	1.8	74.6
1.7	78.9	1.7	71.5
1.6	81.0	1.6	73.5
1.5	81.3	1.5	72.0

表 5-2(续)

50215 胶运巷 1 900 m 左帮		50215 胶运巷 1 900 m 右帮	
探头到孔口距离/m	时间/μs	探头到孔口距离/m	时间/μs
1.4	79.8	1.4	74.8
1.3	80.7	1.3	76.2
1.2	91.2	1.2	74.9
1.1	92	1.1	84.1
1.0	91.5	1.0	84.0
0.9	91.5	0.9	84.6
0.8	87.2	0.8	83.2
0.7	88.1	0.7	83.4
0.6	86.2	0.6	81.1
0.5	90.1	0.5	85.8

如图 5-13 和图 5-14 所示,50215 胶运巷 1 800 m 左帮松动圈厚度 1.2 m,右帮松动圈厚度 1.1 m;如图 5-15 和图 5-16 所示,50215 胶运巷 1 900 m 左帮松动圈厚度 1.2 m,右帮松动圈厚度 1.1 m。因此,综合判定 50215 胶运巷围岩松动圈厚度为 1.1~1.2 m。

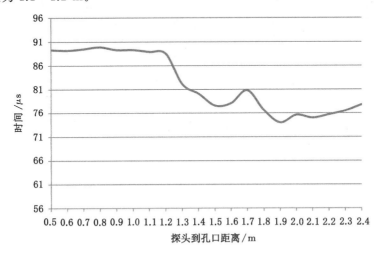

图 5-13 50215 胶运巷 1 800 m 左帮时间-孔深曲线

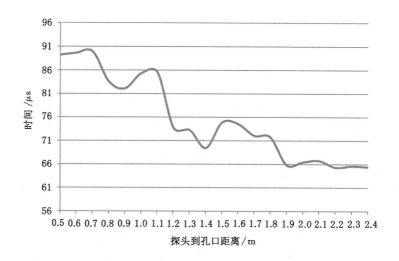

图 5-14　50215 胶运巷 1 800 m 右帮时间-孔深曲线

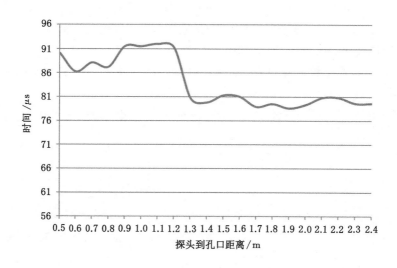

图 5-15　50215 胶运巷 1 900 m 左帮时间-孔深曲线

西翼大巷围岩松动圈测试数据见表 5-3、表 5-4,分析结果如图 5-17 至图 5-20所示。

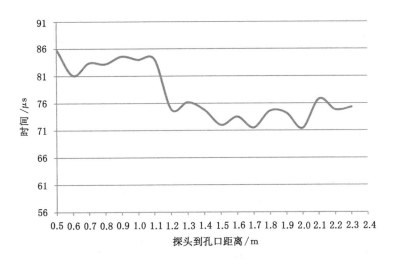

图 5-16 50215 胶运巷 1 900 m 右帮时间-孔深曲线

表 5-3 西翼大巷延伸段距迎头 273 m 处围岩松动圈测定结果

延伸段距迎头 273 m 处左帮		延伸段距迎头 273 m 处右帮	
探头到孔口距离/m	时间/μs	探头到孔口距离/m	时间/μs
—	—	2.4	59.2
—	—	2.3	59.2
2.2	53.8	2.2	62.5
2.1	55.1	2.1	60.2
2.0	57.6	2.0	66.5
1.9	55.0	1.9	67.0
1.8	54.5	1.8	66.9
1.7	57.3	1.7	65.7
1.6	66.9	1.6	67.3
1.5	66.1	1.5	81.5
1.4	77.4	1.4	82.3
1.3	78.8	1.3	80.2
1.2	79.1	1.2	82.0
1.1	80.5	1.1	81.1
1.0	78.0	1.0	80.7
0.9	81.0	0.9	81.0

表 5-3(续)

延伸段距迎头 273 m 处左帮		延伸段距迎头 273 m 处右帮	
探头到孔口距离/m	时间/μs	探头到孔口距离/m	时间/μs
0.8	84.5	0.8	80.3
0.7	88.5	0.7	80.0
0.6	80.0	0.6	81.0
0.5	79.7	0.5	80.8

表 5-4 西翼大巷延伸段距迎头 330 m 处围岩松动圈测定结果

延伸段距迎头 330 m 处左帮		延伸段距迎头 330 m 处右帮	
探头到孔口距离/m	时间/μs	探头到孔口距离/m	时间/μs
—	—	2.35	65.9
2.3	60.4	2.3	65.4
2.2	64.3	2.2	70.1
2.1	65.3	2.1	71.2
2.0	60.4	2.0	73.0
1.9	57.2	1.9	65.8
1.8	65.8	1.8	73.7
1.7	57.5	1.7	73.8
1.6	58.4	1.6	74.4
1.5	82.1	1.5	86.1
1.4	77.8	1.4	83.8
1.3	82.2	1.3	84.5
1.2	86.3	1.2	84.5
1.1	79.7	1.1	84.6
1.0	76.4	1.0	80.5
0.9	77.5	0.9	81.6
0.8	77.1	0.8	80.5
0.7	83.0	0.7	79.8
0.6	80.2	0.6	81.3
0.5	80.8	0.5	80.4

如图 5-17 和图 5-18 所示，西翼大巷延伸段距迎头 273 m 处左帮松动圈 1.4 m，右帮松动圈 1.5 m，但是考虑到 0.1 m 的喷浆厚度，判定西翼大巷延伸段距迎头 273 m 处左帮松动圈厚度 1.3 m，右帮松动圈厚度 1.4 m；如图 5-19 和

图 5-20所示,西翼大巷延伸段距迎头 330 m 处左帮松动圈厚度 1.5 m,右帮松动圈厚度 1.5 m,但是考虑到 0.1 m 的喷浆厚度,判定西翼大巷延伸段距迎头 330 m处左帮松动圈厚度 1.4 m,右帮松动圈厚度 1.4 m。因此,综合判定西翼大巷延伸段巷道围岩松动圈厚度为1.3~1.4 m。

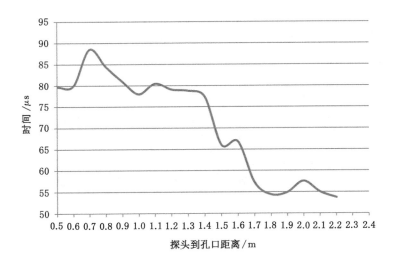

图 5-17　西翼大巷延伸段距迎头 273 m 处左帮时间-孔深曲线

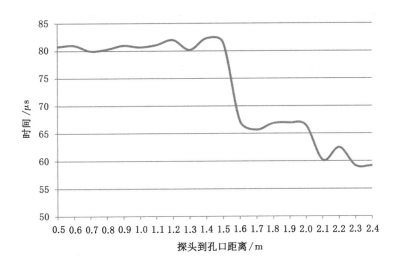

图 5-18　西翼大巷延伸段距迎头 273 m 处右帮时间-孔深曲线

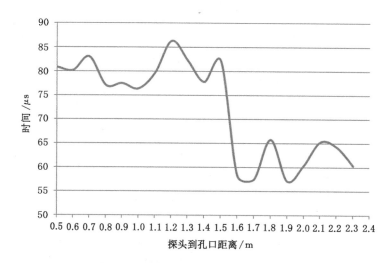

图 5-19　西翼大巷延伸段距迎头 330 m 处左帮时间-孔深曲线

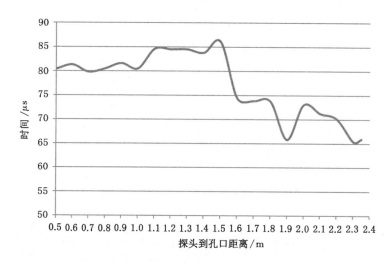

图 5-20　西翼大巷延伸段距迎头 330 m 处右帮时间-孔深曲线

② 巷顶围岩松动圈理论计算

巷道顶板采用超声波围岩裂隙探测仪测定松动圈时需要先对顶孔注水,然后测定,但是在封孔过程中封孔效果不好,漏水严重,导致测试数据失真,因此,巷道顶板围岩松动圈采用理论计算方法进行确定,计算公式如下:

$$f \geqslant 3 \text{ 时} \qquad\qquad L = \frac{B}{2f}$$

$f<3$ 时
$$L=\frac{1}{f}\left[\frac{B}{2}+H\cot\left(45°+\frac{\phi}{2}\right)\right]$$

式中 L——松动圈厚度，m；

   f——岩石坚固性系数；

   B——巷道跨度，m；

   H——巷道高度，m；

   ϕ——岩石内摩擦角，(°)。

由岩石物理力学性质指标可知：

50215 胶运巷顶板，跨度 $B=5.2$ m，高度 $H=3.7$ m，$f=3.7$。

西翼大巷延伸段巷道顶板，跨度 $B=5.74$ m，高度 $H=4.27$ m，$f=3.7$。

可得：50215 胶运巷顶板松动圈厚度 $L=0.7$ m，西翼大巷延伸段巷道顶板松动圈厚度 $L=0.78$ m。

通过现场实测和理论计算求得 50215 胶运巷和西翼大巷延伸段围岩松动圈尺寸见表 5-5。

表 5-5 巷道围岩松动圈尺寸

测定方法	50215 胶运巷巷帮/m	50215 胶运巷顶板/m	西翼大巷延伸段巷帮/m	西翼大巷延伸段顶板/m
声波检测	1.1~1.2	—	1.3~1.4	—
理论计算	—	0.7	—	0.78

③ 巷道围岩类别确定

巷道支护围岩分类的目的在于恰当地评价巷道所处围岩及应力环境条件下支护的难易程度，为支护参数设计提供可靠依据，国内外围岩分类方法很多，典型的分类方法有普氏岩石分级法、岩芯质量指标 RQD 分级法、以岩体弹性波为基础的综合分类法。然而，众多围岩分级或分类方法，虽然不同程度地考虑了岩体的强度和岩体结构的完整程度以及影响围岩稳定性的其他因素，但在实际处理、量化围岩强度和地应力参数时都遇到了难题。尤其是地应力因素未能确切或者未予以考虑，造成分类上的不全面。

自 20 世纪 70 年代末开始，以中国矿业大学董方庭教授为首的支护研究室，从研究开巷后围岩的客观物理状态入手，通过对松动圈性质的深入研究，于 1985 年正式提出了以围岩松动圈厚度为指标的巷道围岩松动圈分类方法，见表 5-6。根据 50215 胶运巷围岩最大松动圈厚度 1.2 m，巷道围岩属于 Ⅲ 类一般围岩；西翼大巷延伸段围岩最大松动圈厚度 1.4 m，巷道围岩属于 Ⅲ 类一般围岩。

表 5-6 巷道围岩松动圈分类

围岩类别		分类名称	松动圈厚度 L_p/cm	支护理论及方式	备注
小松动圈	Ⅰ	稳定围岩	0～40	喷混凝土支护	围岩整体性好,不易风化的可不支护
中松动圈	Ⅱ	较稳定围岩	40～100	锚杆悬吊理论喷层局部支护	—
	Ⅲ	一般围岩	100～150	锚杆悬吊理论喷层局部支护	刚性支护有局部破坏
大松动圈	Ⅳ	一般不稳定围岩（软岩）	150～200	锚杆组合拱理论喷层金属网局部支护	刚性支护大面积破坏,采用可缩性支护
	Ⅴ	不稳定围岩（较软围岩）	200～300	锚杆组合拱理论喷层金属网局部支护	围岩变形有稳定期
	Ⅵ	极不稳定围岩（极软围岩）	>300	待定	围岩变形一般在支护下无稳定期

根据以上研究,50215 胶运巷和西翼大巷延伸段支护方案应采用锚杆悬吊理论进行设计,支护方式采用锚杆＋锚索＋锚网联合支护。

5.2 回采巷道支护参数设计优化

5.2.1 50112 工作面回风巷道支护参数设计

5.2.1.1 巷道支护形式确定

根据邻近巷道 50112 工作面胶运巷的现场施工支护形式、地质勘测部门提供的资料,50112 工作面回风巷施工采用锚网索支护。

5.2.1.2 巷道支护参数设计

（1）采用悬吊理论计算锚杆参数

① 顶锚杆通过悬吊作用,帮锚杆通过加固帮体作用,达到支护效果的条件,应满足:

$$L \geqslant L_1 + L_2 + L_3$$

式中 L——锚杆总长度,m;

L_1——锚杆外露长度（包括网片、托板、螺母厚度）,取 0.13 m;

L_2——有效长度（顶锚杆取围岩松动圈冒落高度 b,帮锚杆取帮破碎深

度 c),m;

L_3——锚杆锚入稳定岩层的深度,一般按经验取 0.75 m。

其中围岩松动圈冒落高度:

$$b = \frac{\dfrac{B}{2} + H\tan(45° - \dfrac{\omega}{2})}{f} = \frac{\dfrac{5}{2} + 2.8\tan(45° - \dfrac{72°}{2})}{3} \approx 0.98 \text{ m}$$

式中 B,H——巷道掘进宽度和高度;

f——顶板岩石坚固性系数,取 3;

ω——两帮围岩的内摩擦角,$\omega = \arctan f$,$\omega = 72°$。

巷道帮破碎深度:

$$c = H\tan\left(45° - \frac{\omega}{2}\right) = 2.8\tan 9° \approx 0.44 \text{ (m)}$$

经计算,$b = 0.98$ m,$c = 0.44$ m。

则:$L_顶 = 0.13 + 0.98 + 0.75 = 1.86$ (m),$L_帮 = 0.13 + 0.44 + 0.75 = 1.32$ (m),选取顶板锚杆长度大于 1.86 m,帮锚杆长度大于 1.32 m,即能满足浅部支护要求。

② 锚杆间排距计算:

$$a_{设计} = \sqrt{\frac{G}{KL_2\gamma}} = \sqrt{\frac{105}{2 \times 0.98 \times 25.7}} \approx 1.44 \text{ (m)}$$

式中 $\alpha_{设计}$——锚杆间排距,m;

G——锚杆设计锚固力,经计算为 105 kN;

K——安全系数,一般取 2(松散系数);

L_2——有效长度,0.98 m(顶锚杆取 b);

γ——岩体容重,被悬吊页岩的重力密度为 $22.56 \sim 25.7$ kN/m^3,取最大值 25.7 kN/m^3。

经计算,$\alpha_{设计} = 1.44$ m。

则:设计锚杆间排距小于 1.44 m,均符合设计要求。

③ 锚杆直径的确定:

$$d = 1.13\sqrt{Q/\sigma} = 1.13\sqrt{105\,000/455} = 17.17 \text{ (mm)}$$

式中 d——锚杆直径,mm;

Q——锚杆承载力,取 105 000 N;

σ——锚杆的抗拉强度,取 455 N/mm^2。

则:锚杆直径大于 17.17 mm 即可,根据工程类比法,参照本矿 5$^{\#}$ 煤层同类巷道支护情况,锚杆直径取 20 mm 即可满足要求。

④ 锚固长度的确定:

根据加长锚固公式：

$$L' \geqslant 1/3L$$

式中　L'——锚固长度；

　　　L——锚杆长度。

则：$L' \geqslant 1/3 \times 2\ 400 = 800$ mm，锚固长度为加长锚固。

锚固长度验算：

$$L_{锚} = (L_{树} \times R_{树}^2)/(R_{孔}^2 - R_{杆}^2)$$
$$= 750 \times 14^2/(16^2 - 11^2) = 1\ 088.89 > 800 \ (\text{mm})$$

式中　$L_{锚}$——树脂锚固剂锚固长度，mm；

　　　$L_{树}$——树脂锚固剂长度，取 MSCK2850 型树脂药卷 1.5 根，750 mm；

　　　$R_{树}$——树脂锚固剂半径，14 mm；

　　　$R_{杆}$——锚杆半径，11 mm；

　　　$R_{孔}$——钻孔半径，16 mm。

根据锚杆、药卷直径，参照本矿 5# 煤层同类型巷道支护情况，锚固剂选取 MSCK2850 型树脂药卷 1.5 根满足要求。

通过以上计算，选用直径 20 mm，长度 2 400 mm 的左旋无纵筋 Ⅱ 级螺纹钢锚杆，托板规格为 150 mm × 150 mm × 12 mm 金属钢板，树脂药卷为 MSCK2850 型，锚网采用 ϕ6.5 mm 钢筋焊制，规格为 1 800 mm × 1 100 mm（长×宽），网孔规格为 100 mm × 100 mm，搭接长度为 100 mm。

（2）采用悬吊理论计算锚索参数

① 确定锚索长度：

$$L = L_a + L_b + L_c + L_d$$

式中　L——锚索总长度，m；

　　　L_a——锚索深入到较稳定岩层中锚固长度，m；

　　　L_b——需要悬吊的不稳定岩层厚度，取 3 m；

　　　L_c——上托盘及锚具的厚度，取 0.066 m；

　　　L_d——需要外露张拉长度，取 0.25 m。

锚索锚固长度 L_a 按下式确定：

$$L_a \geqslant K \times d \times f_a/(4f_c)$$

式中　K——安全系数，取 $K = 2$；

　　　d——锚索钢绞线直径，取 21.8 mm；

　　　f_a——钢绞线抗拉强度，N/mm²，取 1 860 N/mm²；

f_c——锚索与锚固剂的黏合度,取 10 N/mm²。
$$L_a \geq 2 \times 21.8 \times 1\ 860/40 = 2\ 027.4\ (mm)$$

取 $L_a = 2.03$ m,则 $L = 2.03 + 3 + 0.066 + 0.25 = 5.346$(m)。设计取锚索长为 5.346 m。根据工程类比法,参照本矿 5# 煤层同类巷道支护情况,锚索长度取 7.9 m,满足要求。

② 锚索锚固长度验算:
$$L_{锚} = (L_{树} \times R_{树}^2)/(R_{孔}^2 - R_{杆}^2)$$
$$= 1\ 500 \times 14^2/(16^2 - 10.9^2) = 2\ 047 > 2\ 027\ (mm)$$

式中　$L_{锚}$——树脂锚固剂锚固长度,mm;

$L_{树}$——树脂锚固剂长度,1 500 mm;

$R_{树}$——树脂锚固剂半径,14 mm;

$R_{杆}$——锚索半径,10.9 mm;

$R_{孔}$——钻孔半径,16 mm。

根据锚杆、药卷直径,参照本矿 5# 煤层同类型巷道支护情况,锚固剂选取 3 支 MSCK2850 型树脂锚固剂满足要求。

③ 锚索数目的确定:
$$N = K \times W/P_{断}$$

式中　N——锚索数目;

K——安全系数,一般取 2;

$P_{断}$——锚索的最低破断力,583 kN;

W——被吊岩石的自重,kN。
$$W = B \times \sum h \times \sum \gamma \times D$$

式中　B——巷道掘进宽度,取 5 m;

$\sum h$——悬吊岩石厚度,取围岩松动圈冒落高度 $b = 0.98$ m;

$\sum \gamma$——悬吊岩石平均容重,25.7 kN/m³;

D——锚索间排距,取最大锚索长度的 1/2,取 4 m。

则:$W = 5 \times 0.98 \times 25.7 \times 4 \approx 504$(kN),$N = 2W/P_{断} = 2 \times 504/583 = 1.73$,锚索数量每排取 3.0 根,符合要求。

④ 锚索倾角确定:

锚索倾角为 90°。

⑤ 锚索的间排距计算:

$$L = NP_断 / \{K \times [BH \times \sum \gamma - (2F_1 \sin \theta)/L_1]\}$$
$$= 3 \times 583 \div [2 \times (5 \times 3.5 \times 25.7 - (2 \times 105 \times \sin 90°) \div 1)]$$
$$= 1\ 749 \div [2 \times (449.75 - 210)]$$
$$= 1\ 749 \div 479.5$$
$$= 3.65\ (m)$$

式中　L——锚索间排距，m；

　　　B——巷道掘进最大冒落宽度，取 5 m；

　　　H——巷道冒落高度，按最严重冒落高度（巷道宽度/1.5），取 3.5 m；

　　　$\sum \gamma$——悬吊岩石平均容重，25.7 kN/m³；

　　　L_1——锚杆的排距，1 m；

　　　F_1——锚杆的锚固力，105 kN；

　　　$P_断$——锚索的最低破断力，583 kN；

　　　θ——锚杆与巷道顶板的夹角，90°；

　　　N——1 排锚索个数，取 3。

　　　K——安全系数，取 2。

则：锚索间排距小于 3.65 m 即可满足支护设计要求。

通过以上计算，锚索为 ϕ21.8 mm 的钢绞线制作，$L = 7\ 900$ mm，托板规格为 300 mm×300 mm×16 mm，每根锚索使用 3 卷 MSCK2850 型树脂锚固剂，锚索锚固端应锚固在坚硬实体岩层中。支护参数要求见表 5-7。

表 5-7　50112 工作面回风巷支护主要参数要求

项目	参数	要求
锚杆	顶板锚杆长度	>1 860 mm
	帮锚杆长度	>1 320 mm
	帮锚杆直径	>17.17 mm
	锚杆间排距	<1.44 m
锚索	顶板锚索长度	>5.346 m
	间排距	<3.65 m

按照以上计算结果，设计 3 种支护方案，设计方案见表 5-8～表 5-10，方案设计图如图 5-21～图 5-23 所示。

表 5-8 方案一支护参数

项目	参数	要求	支护参数
锚杆	顶板锚杆长度	>1 860 mm	ϕ20 mm×2 400 mm 左螺旋无纵筋螺纹钢锚杆
	顶板锚杆间排距	<1.44 m	间排距 900 mm×1 000 mm
	帮锚杆长度 帮锚杆直径	>1 320 mm >17.17 mm	正帮玻璃钢锚杆采用 ϕ27 mm×1 800 mm 副帮 ϕ20 mm×2 400 mm 左螺旋无纵筋螺纹钢锚杆
	帮锚杆间排距	<1.44 m	间排距 900 mm×1 200 mm,三排"五花"布置
锚索	顶板锚索长度	>5 346 mm	长度 7 900 mm/直径 21.8 mm
	间排距	<3 650 mm	间排距 1 500 mm×1 500 mm,三一三布置

表 5-9 方案二支护参数

项目	参数	要求	支护参数
锚杆	顶板锚杆长度	>1 860 mm	ϕ20 mm×2 400 mm 左螺旋无纵筋螺纹钢锚杆
	顶板锚杆间排距	<1.44 m	间排距 1 100 mm×1 000 mm
	帮锚杆长度 帮锚杆直径	>1 320 mm >17.17 mm	正帮玻璃钢锚杆采用 ϕ27 mm×1 800 mm 副帮 ϕ20 mm×2 400 mm 左螺旋无纵筋螺纹钢锚杆
	帮锚杆间排距	<1.44 m	间排距 900 mm×1 200 mm,三排"五花"布置
锚索	顶板锚索长度	>5 346 mm	长度 7 900 mm/直径 21.8 mm
	间排距	<3 650 mm	间排距 1 650 mm×2 000 mm

表 5-10 方案三支护参数

项目	参数	要求	支护参数
锚杆	顶板锚杆长度	>1 860 mm	ϕ20 mm×2 400 mm 左螺旋无纵筋螺纹钢锚杆
	顶板锚杆间排距	<1.44 m	间排距 1 100 mm×1 200 mm
	帮锚杆长度 帮锚杆直径	>1 320 mm >17.17 mm	正帮玻璃钢锚杆采用 ϕ27 mm×1 800 mm 副帮 ϕ20 mm×2 400 mm 左螺旋无纵筋螺纹钢锚杆
	帮锚杆间排距	<1.44 m	间排距 900 mm×1 200 mm,三排"五花"布置
锚索	顶板锚索长度	>5 346 mm	长度 7 900 mm/直径 21.8 mm
	间排距	<3 650 mm	间排距 1 650 mm×2 400 mm

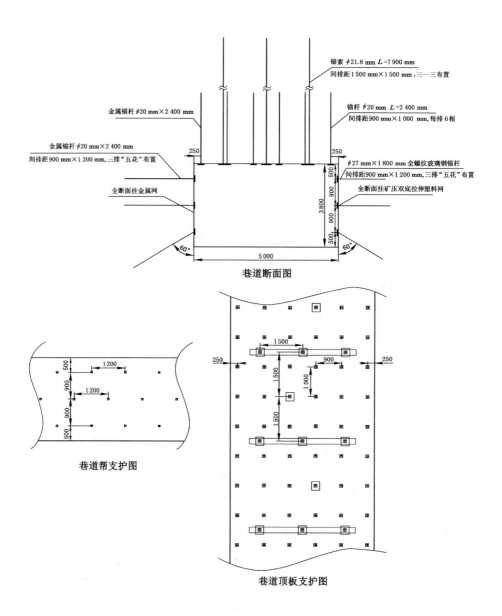

图 5-21 50112 巷道支护方案一设计图

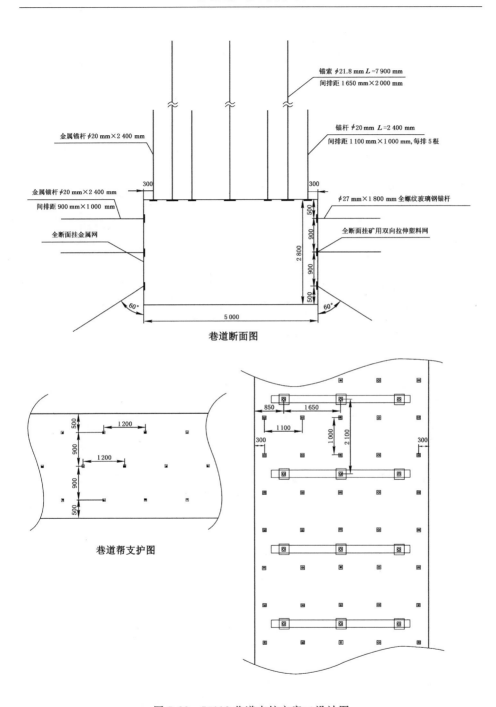

图 5-22   50112 巷道支护方案二设计图

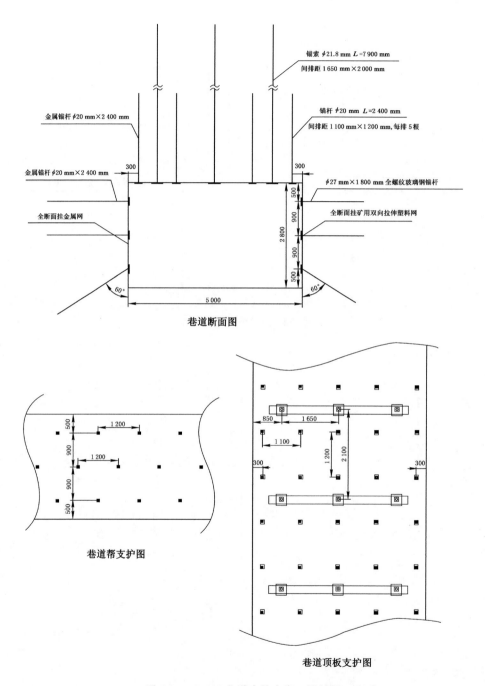

图 5-23 50112 巷道支护方案三设计图

5.2.2　50112 工作面回风巷道支护方案数值模拟研究

为了使回采巷道支护参数更加科学合理,在综合现场调研、钻芯取样和理论分析的基础上,对巷道围岩变形破坏机理、载荷分布特征及顶板稳定性控制进行更加深入的研究,借助 FLAC 数值模拟软件,对顶板锚杆、锚索的支护密度等重要参数进行模拟计算,以优化设计参数。

5.2.2.1　数值模型建立

在建模过程中按照禾草沟煤矿综合柱状图的尺寸,坐标系采用直角坐标系,XOY 平面取为水平面,Z 轴取铅直方向,并且规定向上为正,整个坐标系符合右手螺旋法则。模型左下角点为坐标原点,水平向右为 X 轴正方向,水平向里为 Y 轴正方向,垂直向上为 Z 轴正方向,重力方向沿 Z 轴负方向。本次模拟主要研究回采巷道围岩应力分布特征及其位移变化规律。建立三维模型的尺寸为 30 m×15 m×28.08 m,共划分 55 800 个单元,60 512 个结点,建立模型如图 5-24 所示。三维模型的边界条件取为:四周采用铰支,底部采用固支,上部为自由边界。回采巷道煤岩层物理力学参数均按实验室煤岩样测试结果和工程类比对模型进行赋值,模拟力学参数见表 2-21。

计算模型边界条件确定如下:

① 模型 X 轴两端边界施加沿 X 轴的约束,即边界 X 方向位移为零;

② 模型 Y 轴两端边界施加沿 Y 轴的约束,即边界 Y 方向位移为零;

③ 模型底部边界固定,即底部边界 X、Y、Z 方向的位移均为零;

④ 模型顶部为自由边界。

计算模型边界载荷条件:考虑回采巷道在地层中所处最深处约 150 m,地应力边界条件根据实际测量结果进行施加,垂直应力为 3.75 MPa,水平应力设置为 2.5 MPa,选用 Mohr-Coulomb 本构模型,模型采用 Cable 单元模拟锚杆和锚索。

5.2.2.2　数值模拟计算与分析

数值模型建立后,对煤层进行开挖,巷道开挖宽度 5.0 m,高度 2.7 m。如图 5-25 所示。

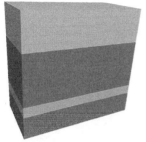
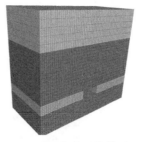

图 5-24　数值计算模型　　　　　图 5-25　巷道开挖模型

（1）支护设计方案一

支护设计方案一参数见表 5-11 和图 5-26 至图 5-28。

表 5-11　方案一支护参数

项目	参数	要求	支护参数
锚杆	顶板锚杆长度	＞2 100 m	φ20 mm×2 400 mm 左螺旋无纵筋螺纹钢锚杆
	顶板锚杆间排距	＜1.44 m	间排距 900 mm×1 000 mm
	帮锚杆长度	＞1 620 mm	正帮玻璃钢锚杆采用 φ27 mm×1 800 mm
	帮锚杆直径	＞17.17 mm	副帮 φ20 mm×2 400 mm 左螺旋无纵筋螺纹钢锚杆
	帮锚杆间排距	＜1.44 m	间排距 900 mm×1 200 mm，三排"五花"布置
锚索	顶板锚索长度	＞5.346 m	长度 7 900 mm/直径 21.8 mm
	间排距	＜3 650 mm	间排距 1 500 mm×1 500 mm，三一三布置

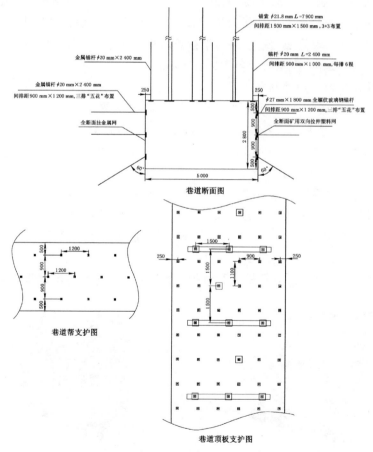

图 5-26　50112 巷道支护方案一设计图

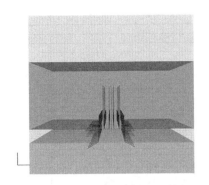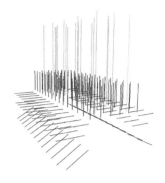

图 5-27　支护方案一支护模型透视图　　　　图 5-28　支护方案一锚杆(索)布置图

　　如图 5-29 至图 5-34 所示,50112 工作面回风巷道最大垂直应力为 10 358 Pa,最大水平应力为 396 470 Pa,顶板最大下沉量为 7.3 mm,底板最大底鼓量为4.8 mm,顶底板总计移近量 12.1 mm;左帮最大位移 3.84 mm,右帮最大位移3.44 mm,两帮总计最大位移 7.28 mm。以上结果表明位移量较小,支护方案一可行。

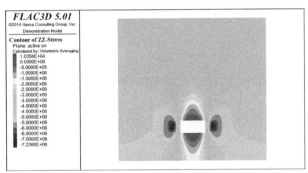

图 5-29　支护方案一垂直应力云图

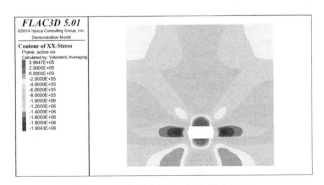

图 5-30　支护方案一水平应力云图

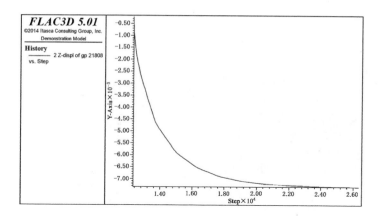

图 5-31　50112 工作面回风巷道顶板位移

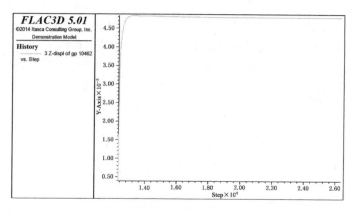

图 5-32　50112 工作面回风巷道底板位移

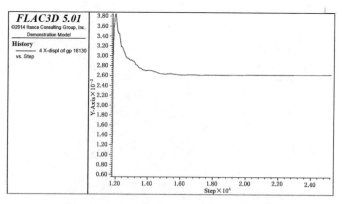

图 5-33　50112 工作面回风巷道左帮位移

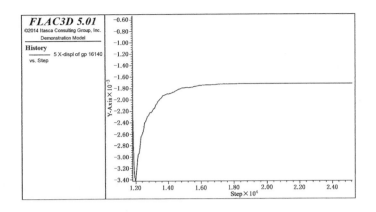

图 5-34　50112 工作面回风巷道右帮位移

（2）支护设计方案二

支护设计方案二参数见表 5-12 和图 5-35 至图 5-37。

表 5-12　方案二支护参数

项目	参数	要求	支护参数
锚杆	顶板锚杆长度	＞2 100 mm	ϕ20 mm×2 400 mm 左螺旋无纵筋螺纹钢锚杆
	顶板锚杆间排距	＜1.44 m	间排距 1 100 mm×1 000 mm
	帮锚杆长度 帮锚杆直径	＞1 620 mm ＞17.17 mm	正帮玻璃钢锚杆采用 ϕ27 mm×1 800 mm 副帮 ϕ20 mm×2 400 mm 左螺旋无纵筋螺纹钢锚杆
	帮锚杆间排距	＜1.44 m	间排距 900 mm×1 200 mm，三排"五花"布置
锚索	顶板锚索长度	＞5 346 mm	长度 7 900 mm／直径 21.8 mm
	间排距	＜3 650 mm	间排距 1 650 mm×2 000 mm

如图 5-38 至图 5-43 所示，50112 工作面回风巷道最大垂直应力为 10 846 Pa，最大水平应力为 392 910 Pa，顶板最大下沉量为 20.4 mm，底板最大底鼓量为 23.6 mm，顶底板总计移近量为 44.0 mm；左帮最大位移为 5.8 mm，右帮最大位移为 6.0 mm，两帮总计最大位移为 11.8 mm。巷道变形量在允许范围内，能够满足巷道使用和安全性，以上结果表明支护方案二可行。

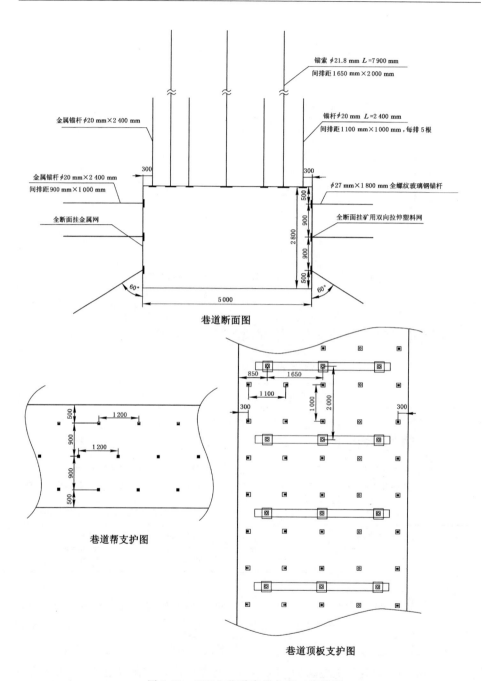

巷道断面图

巷道帮支护图

巷道顶板支护图

图 5-35　50112 巷道支护方案二设计图

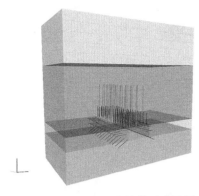

图 5-36　支护方案二支护模型透视图　　　图 5-37　支护方案二锚杆(索)布置图

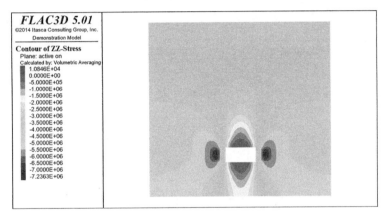

图 5-38　支护方案二垂直应力云图

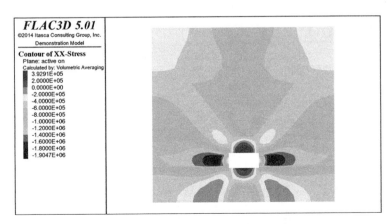

图 5-39　支护方案二水平应力云图

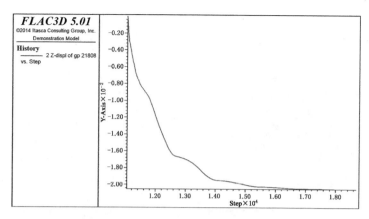

图 5-40　50112 工作面回风巷道顶板位移

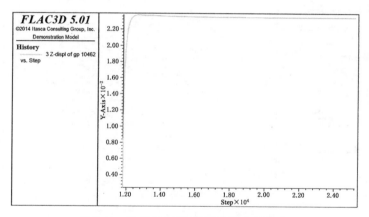

图 5-41　50112 工作面回风巷道底板位移

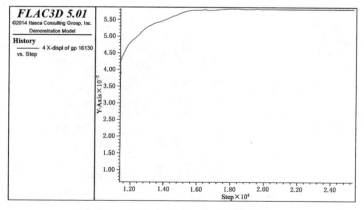

图 5-42　50112 工作面回风巷道左帮位移

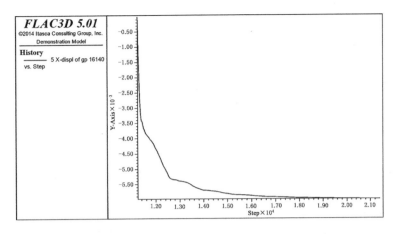

图 5-43　50112 工作面回风巷道右帮位移

（3）支护设计方案三

支护设计方案三参数见表 5-13 和图 5-44。

表 5-13　方案三支护参数

项目	参数	要求	支护参数
锚杆	顶板锚杆长度	＞2 100 mm	φ20 mm×2 400 mm 左螺旋无纵筋螺纹钢锚杆
	顶板锚杆间排距	＜1.44 m	间排距 1 100 mm×1 200 mm
	帮锚杆长度 帮锚杆直径	＞1 620 mm ＞17.17 mm	正帮玻璃钢锚杆采用 φ27 mm×1 800 mm 副帮 φ20 mm×2 400 mm 左螺旋无纵筋螺纹钢锚杆
	帮锚杆间排距	＜1.44 m	间排距 900 mm×1 200 mm，三排"五花"布置
锚索	顶板锚索长度	＞5 346 mm	长度 7 900 mm/直径 21.8 mm
	间排距	＜3 650 mm	间排距 1 650 mm×2 400 mm

如图 5-45 至图 5-52 所示，50112 工作面回风巷道最大垂直应力为 10 582 Pa，最大水平应力为 394 900 Pa，顶板最大下沉量为 46.0 mm，底板最大底鼓量为 31.6 mm，顶底板总计移近量为 77.6 mm；左帮最大位移为 18.4 mm，右帮最大位移为 21.2 mm，两帮总计最大位移为 39.6 mm。巷道变形量在允许范围内，仍能够满足巷道使用用途和安全性，以上结果表明支护方案三可行。

综合以上三种支护方案数值模拟结果分析得知，三种支护方案的巷道变形量均在允许范围内，但采用支护方案一时的巷道围岩变形量最小，采用支护方案二时的巷道围岩变形量次之，采用支护方案三时的巷道围岩变形量最大。因此，

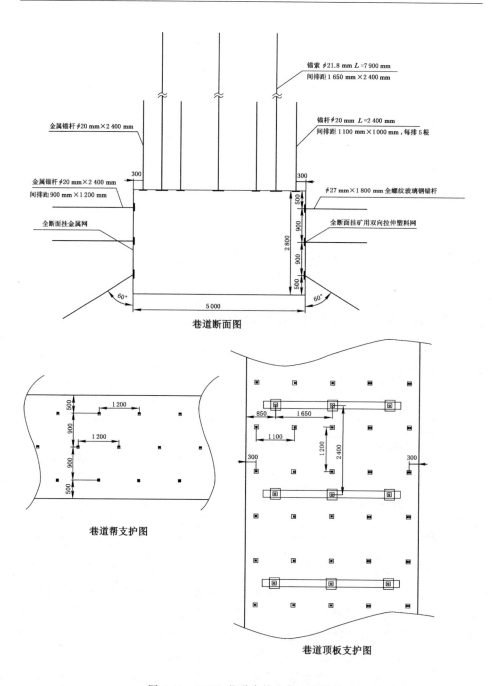

图 5-44 50112 巷道支护方案三设计图

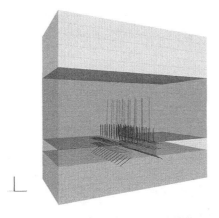 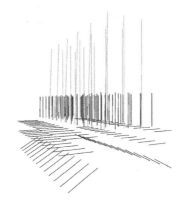

图 5-45　支护方案三支护模型透视图　　　图 5-46　支护方案三锚杆(索)布置图

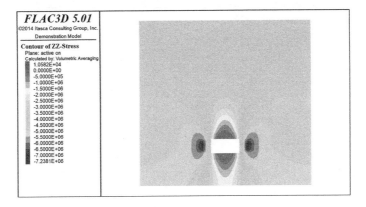

图 5-47　支护方案三垂直应力云图

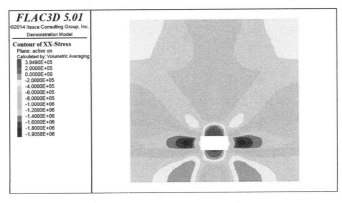

图 5-48　支护方案三水平应力云图

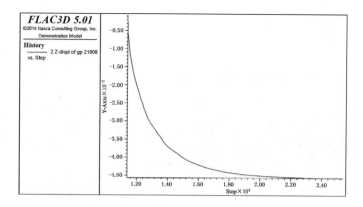

图 5-49　50112 工作面回风巷道顶板位移

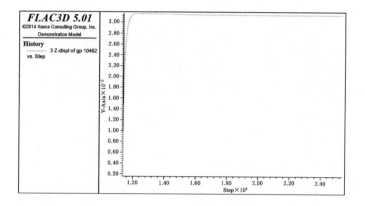

图 5-50　50112 工作面回风巷道底板位移

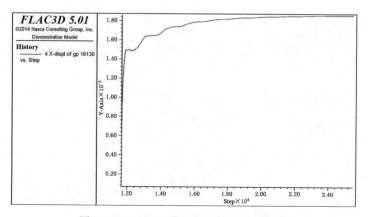

图 5-51　50112 工作面回风巷道左帮位移

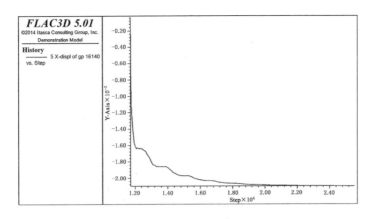

图 5-52 50112 工作面回风巷道右帮位移

先期可以开展对采用支护方案一的巷道进行巷道工业试验,如果采用支护方案一的巷道支护状态下的巷道工业试验成功,后期可以继续分别对采用支护方案二和支护方案三的巷道开展巷道工业试验,最终从三种方案中选择一种经济上合理、技术上可行的支护方案。

5.2.3 50112 回风巷道工业试验

（1）试验目的

本工业试验目的是评价采用支护方案一时 50112 回风巷道锚杆（索）的受力状态,顶板不同深度的位移量,巷帮不同深度发生的位移量。

（2）监测方案

① 锚杆受力状态监测

锚杆受力状态监测分为 4 个监测断面,分别位于距巷道入口 3 550 m、3 750 m、3 770 m、3 790 m 处。每个监测断面安装 2 个锚杆测力计（顶板）和 1 个锚杆测力计（副帮）,如图 5-53 所示;监测仪器如图 5-54 所示。

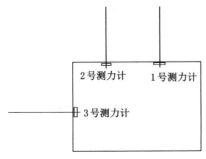

图 5-53 监测断面设备安装示意图

图 5-54 MCS-400 矿用本安型
锚杆（索）测力计

② 巷道锚索受力状态监测

锚索受力状态监测共设 1 个监测断面,位于距巷道入口 3 900 m 处。巷道顶板锚索测力计 4 块,安装位置如图 5-55 所示。

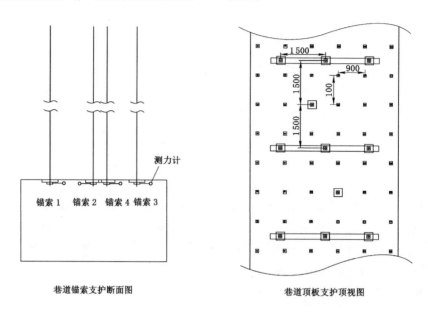

巷道锚索支护断面图　　　　　　　　巷道顶板支护顶视图

图 5-55　巷道顶板锚索受力状态监测设备安装位置图

③ 巷道表面位移监测

巷道顶板位移监测分为 3 个监测断面,分别位于距巷道入口 3 750 m、3 770 m、3 790 m 处。顶板中部安装 1 个多点位移计分别监测 2.0 m、4.0 m、6.0 m、8.0 m 的位移量,如图 5-56 所示。

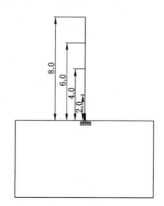

图 5-56　巷道顶板多点位移计安装示意图

巷道两帮位移监测分为 3 个监测断面,分别位于距巷道入口 3 810 m、3 830 m、3 850 m 处,左帮和右帮各一个多点位移计,分别监测巷道两帮深部 1.0 m、1.5 m、2.0 m、2.4 m 处位移,如图 5-57 所示。

图 5-57　巷道两帮多点位移计安装示意图

(3)监测结果

① 锚杆受力状态监测(表 5-14 至表 5-17、图 5-58 至图 5-61)

表 5-14　3 550 m 监测断面

日 期	1 号测力计监测结果/kN	2 号测力计监测结果/kN	3 号测力计监测结果/kN
8 月 17 日	20.9	23.2	29.2
8 月 19 日	21.3	24.1	29.7
8 月 23 日	21.9	24.5	31.2
8 月 26 日	22.4	24.9	31.6
8 月 29 日	22.9	24.9	32.4
9 月 2 日	23.4	24.9	32.7
9 月 5 日	23.4	24.9	32.7
9 月 8 日	23.4	24.9	32.7

表 5-15　3 750 m 监测断面

日 期	1 号测力计监测结果/kN	2 号测力计监测结果/kN	3 号测力计监测结果/kN
8 月 17 日	45.1	39.5	21.4
8 月 19 日	48.4	43.6	22.6
8 月 23 日	54.6	46.7	23.2
8 月 26 日	59.9	49.4	23.8
8 月 29 日	65.7	53.2	24.1
9 月 2 日	67.9	55.6	24.4
9 月 5 日	67.9	56.6	24.4
9 月 8 日	67.9	56.6	24.4

表 5-16   3 770 m 监测断面

日期	1 号测力计监测结果/kN	2 号测力计监测结果/kN	3 号测力计监测结果/kN
8 月 17 日	30.2	22.4	22.4
8 月 19 日	33.4	25.8	22.7
8 月 23 日	35.1	28.2	23.4
8 月 26 日	36.5	31.6	23.9
8 月 29 日	36.9	32.7	24.2
9 月 2 日	37.3	33.6	24.4
9 月 5 日	37.3	33.6	24.4
9 月 8 日	37.3	33.6	24.4

表 5-17   3 790 m 监测断面

日期	1 号测力计监测结果/kN	2 号测力计监测结果/kN	3 号测力计监测结果/kN
8 月 17 日	30.2	34.6	25.6
8 月 19 日	31.7	36.3	29.4
8 月 23 日	32.3	37.9	33.3
8 月 26 日	32.8	38.8	36.7
8 月 29 日	33.1	39.3	37.9
9 月 2 日	33.2	39.5	38.5
9 月 5 日	33.2	39.5	38.5
9 月 8 日	33.2	39.5	38.5

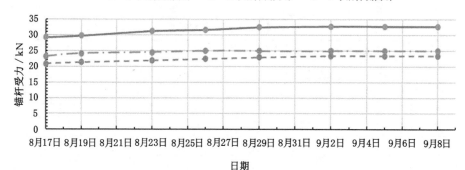

图 5-58   3 550 m 监测断面锚杆受力

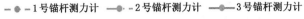

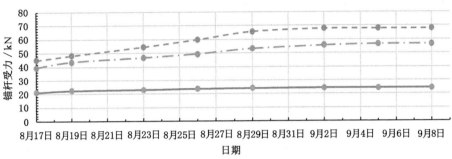

图 5-59 3 750 m 监测断面锚杆受力

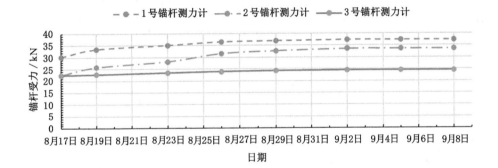

图 5-60 3 770 m 监测断面锚杆受力

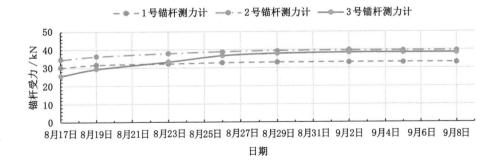

图 5-61 3 790 m 监测断面锚杆受力

从 3 550 m 监测断面结果得出,1 号锚杆最大受力 23.4 kN,2 号锚杆最大受力 24.9 kN,3 号锚杆最大受力 32.7 kN。

从 3 750 m 监测断面结果得出,1 号锚杆最大受力 67.9 kN,2 号锚杆最大受力 56.6 kN,3 号锚杆最大受力 24.4 kN。

从 3 770 m 监测断面结果得出,1 号锚杆最大受力 37.3 kN,2 号锚杆最大受力 33.6 kN,3 号锚杆最大受力 24.4 kN。

从 3 790 m 监测断面结果得出,1 号锚杆最大受力 33.2 kN,2 号锚杆最大受力 39.5 kN,3 号锚杆最大受力 38.5 kN。

从以上监测结果可以得出,50112 回风巷道 4 个监测断面的锚杆受力均小于设计锚固力 105 kN,且监测锚杆最大受力为 67.9 kN,约为设计锚固力的 64.7%。

从对 50205 工作面超前支承压力分布规律研究得知:超前支承压力应力集中系数在 1.23～1.53 之间。即当 50112 回风巷道受到工作面采动影响时的锚杆最大受力为 67.9 kN×1.53＝103.9 kN,103.9 kN＜105 kN,表明锚杆锚固力满足支护要求。

② 巷道锚索受力状态监测

从表 5-18 和图 5-62 的监测结果得知,50112 回风巷道 3900 监测断面的 4 个锚索受力均小于设计锚固力 250 kN,且监测锚索最大受力为 203 kN,为设计锚固力的 81.2%。同理,当 50112 回风巷道受到工作面采动影响时的锚索最大受力为 203 kN×1.53＝310.59 kN,310.59 kN＞250 kN,因此,50112 工作面回采时工作面两端的运输平巷和回风平巷需要进行超前支护,以保证巷道围岩的稳定。

表 5-18 3 900 m 监测断面

日期	锚索 1 监测结果/kN	锚索 2 监测结果/kN	锚索 3 监测结果/kN	锚索 4 监测结果/kN
8 月 19 日	162	119	197	169
8 月 23 日	165	122	199	173
8 月 26 日	168	124	202	178
8 月 29 日	169	126	203	179
9 月 2 日	169	126	203	179
9 月 5 日	169	126	203	179
9 月 8 日	169	126	203	179

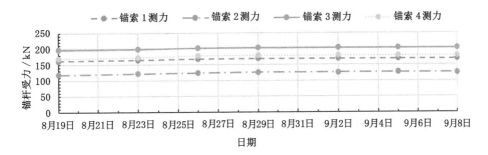

图 5-62　3 900 m 监测断面锚索受力

③ 巷道表面位移监测(表 5-19 至表 5-24)

表 5-19　3 750 m 监测断面(顶板)

日期	顶板多点位移计监测结果/mm			
	2 m	4 m	6 m	8 m
8 月 17 日	6.0	9.0	5.0	5.0
8 月 19 日	10.0	15.0	11.0	11.0
8 月 23 日	13.0	20.0	16.0	16.0
8 月 26 日	15.0	23.0	19.0	19.0
8 月 29 日	17.0	25.0	21.0	21.0
9 月 2 日	18.0	26.0	22.0	22.0
9 月 5 日	18.0	26.0	22.0	22.0
9 月 8 日	18.0	26.0	22.0	22.0

表 5-20　3 770 m 监测断面(顶板)

日期	顶板多点位移计监测结果/mm			
	2 m	4 m	6 m	8 m
8 月 17 日	0	0	0	0
8 月 19 日	1	1	1	1
8 月 23 日	1	1	1	1
8 月 26 日	1	1	1	1
8 月 29 日	1	1	1	1
9 月 2 日	1	1	1	1
9 月 5 日	1	1	1	1
9 月 8 日	1	1	1	1

表 5-21 3 790 m 监测断面(顶板)

日期	顶板多点位移计监测结果/mm			
	2 m	4 m	6 m	8 m
8 月 17 日	0	0	0	0
8 月 19 日	0	0	0	0
8 月 23 日	0	2	2	2
8 月 26 日	0	2	2	2
8 月 29 日	0	2	2	2
9 月 2 日	0	2	2	2
9 月 5 日	0	2	2	2
9 月 8 日	0	2	2	2

表 5-22 3 810 m 监测断面(两帮)

日期	副帮多点位移计监测结果/mm				正帮多点位移计监测结果/mm			
	2.4 m	2.0 m	1.5 m	1.0 m	2.4 m	2.0 m	1.5 m	1.0 m
8 月 18 日	4.0	4.0	4.0	0	0	0	2.0	0
8 月 19 日	5.0	5.0	5.0	0	0	0	2.0	0
8 月 23 日	5.0	5.0	5.0	0	2.0	2.0	4.0	0
8 月 26 日	5.0	5.0	5.0	0	4.0	4.0	6.0	0
8 月 29 日	5.0	5.0	5.0	0	6.0	6.0	8.0	0
9 月 2 日	5.0	5.0	5.0	0	8.0	8.0	10.0	0
9 月 5 日	5.0	5.0	5.0	0	8.0	8.0	10.0	0
9 月 8 日	5.0	5.0	5.0	0	8.0	8.0	10.0	0

表 5-23 3 830 m 监测断面(两帮)

日期	副帮多点位移计监测结果/mm				正帮多点位移计监测结果/mm			
	2.4 m	2.0 m	1.5 m	1.0 m	2.4 m	2.0 m	1.5 m	1.0 m
8 月 18 日	0	0	0	0	0	0	0	0
8 月 19 日	0	0	0	0	0	0	0	0
8 月 23 日	1.0	1.0	1.0	0	1.0	1.0	1.0	1.0
8 月 26 日	2.0	2.0	2.0	0	3.0	3.0	3.0	2.0
8 月 29 日	2.0	2.0	2.0	0	5.0	5.0	5.0	2.0
9 月 2 日	2.0	2.0	2.0	0	5.0	5.0	5.0	2.0
9 月 5 日	2.0	2.0	2.0	0	5.0	5.0	5.0	2.0
9 月 8 日	2.0	2.0	2.0	0	5.0	5.0	5.0	2.0

表 5-24 3 850 m 监测断面(两帮)

日期	副帮多点位移计监测结果/mm				正帮多点位移计监测结果/mm			
	2.4 m	2.0 m	1.5 m	1.0 m	2.4 m	2.0 m	1.5 m	1.0 m
8 月 18 日	0	0	0	0	0	0	0	0
8 月 19 日	0	0	0	0	0	0	0	0
8 月 23 日	3.0	3.0	3.0	2.0	2.0	2.0	2.0	2.0
8 月 26 日	4.0	4.0	4.0	3.0	4.0	4.0	4.0	4.0
8 月 29 日	5.0	5.0	5.0	4.0	5.0	5.0	5.0	5.0
9 月 2 日	5.0	5.0	5.0	4.0	5.0	5.0	5.0	5.0
9 月 5 日	5.0	5.0	5.0	4.0	5.0	5.0	5.0	5.0
9 月 8 日	5.0	5.0	5.0	4.0	5.0	5.0	5.0	5.0

3 750 m 监测断面处顶板离层结果如下:

顶板 0~2 m 内发生位移 12 mm,顶板 2~4 m 内发生位移 5 mm,4~6 m、6~8 m 内均未发生位移,顶板总下沉 17 mm。

3 770 m 监测断面处顶板离层结果如下:

顶板 0~2 m 内发生位移 1 mm,顶板 2~4 m、4~6 m、6~8 m 内均未发生位移,顶板总下沉 1 mm。

3 790 m 监测断面处顶板离层结果如下:

顶板 0~2 m 内未发生位移,顶板 2~4 m 内发生位移 2 mm,4~6 m、6~8 m 内均未发生位移,顶板总下沉 2 mm。

3 810 m 监测断面处两帮位移监测结果如下:

正帮 0~1.0 m 发生位移 0 mm,1.0~1.5 m 发生位移 8.0 mm,1.5~2.0 m 和 2.0~2.4 m 均未发生位移,正帮总位移 8.0 mm。

副帮 0~1.0 m 发生位移 0 mm,1.0~1.5 m 发生位移 1.0 mm,1.5~2.0 m 和 2.0~2.4 m 均未发生位移,副帮总位移 1.0 mm。

3 830 m 监测断面处两帮位移监测结果如下:

正帮 0~1.0 m 发生位移 2.0 mm,1.0~1.5 m 发生位移 3.0 mm,1.5~2.0 m 和 2.0~2.4 m 均未发生位移,正帮总位移 5.0 mm。

副帮 0~1.0 m 发生位移 0 mm,1.0~1.5 m 发生位移 2.0 mm,1.5~2.0 m 和 2.0~2.4 m 均未发生位移,副帮总位移 2.0 mm。

3 850 m 监测断面处两帮位移监测结果如下:

正帮 0~1.0 m 发生位移 5.0 mm,1.0~1.5 m、1.5~2.0 m 和 2.0~2.4 m 均未发生位移,正帮总位移 5.0 mm。

副帮 0～1.0 m 发生位移 4.0 mm，1.0～1.5 m 发生位移 1.0 mm，1.5～2.0 m 和 2.0～2.4 m 均未发生位移，副帮总位移 5.0 mm。

综合以上监测结果，顶板锚杆（索）和巷道副帮锚杆的锚固力均有较大富余量，且顶板最大位移量为 17 mm，正帮最大位移量为 8.0 mm，副帮最大位移量为 5.0 mm，围岩移近量非常小，但当 50112 工作面回采时受到工作面采动影响时，50112 工作面两端的运输平巷和回风平巷需要加强超前支护，以保证巷道围岩的稳定。因此，总体评价所采用的支护设计方案合理。

5.2.4　工作面开切眼支护参数设计

5.2.4.1　开切眼支护形式确定

根据邻近工作面开切眼的现场施工支护形式、地质勘测部门提供的资料，50112 工作面开切眼施工，采用锚网索支护。

5.2.4.2　开切眼支护参数设计

（1）采用悬吊理论计算锚杆参数

① 顶锚杆通过悬吊作用，帮锚杆通过加固帮体作用，达到支护效果的条件，应满足：

$$L \geqslant L_1 + L_2 + L_3$$

式中　L——锚杆总长度，m；

L_1——锚杆外露长度（包括网片、托板、螺母厚度），取 0.13 m；

L_2——有效长度（顶锚杆取围岩松动圈冒落高度 b，帮锚杆取帮破碎深度 c），m；

L_3——锚杆锚入稳定岩层的深度，一般按经验取 0.75 m。

其中围岩松动圈冒落高度：

$$b = \frac{\dfrac{B}{2} + H\tan(45° - \dfrac{\omega}{2})}{f} = \frac{\dfrac{7.2}{2} + 3.0\tan(45° - \dfrac{72°}{2})}{3} \approx 1.36 \ (\text{m})$$

式中　$B，H$——巷道掘进宽度和高度，宽度取 7.2 m，高度取 3.0 m；

$f_顶$——顶板岩石坚固性系数，取 3；

ω——两帮围岩的内摩擦角，$\omega = \arctan f$，$\omega = 72°$。

开切眼帮部破碎深度：

$$c = H\tan\left(45° - \frac{\omega}{2}\right) = 3.0\tan 9° \approx 0.48$$

经计算，$b = 1.36$ m，$c = 0.48$ m。

则：$L_顶 = 0.13 + 1.36 + 0.75 = 2.24$（m），$L_帮 = 0.13 + 0.48 + 0.75 = 1.33$（m），选取顶板锚杆长度大于 2.24 m，帮锚杆长度大于 1.33 m，即能满足浅部支护要求。

② 锚杆间排距计算：

$$a_{设计} = \sqrt{\frac{G}{KL_2\gamma}} = \sqrt{\frac{105}{2 \times 1.36 \times 25.7}} \approx 1.23 \ (m)$$

式中　$a_{设计}$——锚杆间排距，m；

　　　G——锚杆设计锚固力，经计算为 105 kN。

　　　K——安全系数，一般取 2(松散系数)；

　　　L_2——有效长度，1.36 m(顶锚杆取 b)；

　　　γ——岩体容重，被悬吊页岩的重力密度为 22.56～25.7 kN/m³，取 25.7 kN/m³。

根据计算，$a_{设计}$＝1.23 m。

则：设计锚杆间排距小于 1.23 m，均符合设计要求。

③ 锚杆直径的确定：

$$d = 1.13\sqrt{Q/\sigma} = 1.13\sqrt{105\ 000/455} = 17.17 \ (mm)$$

式中　d——锚杆直径，mm；

　　　Q——锚杆承载力，取 105 000 N；

　　　σ——锚杆的抗拉强度，取 455 N/mm²。

则：锚杆直径大于 17.17 mm 即可，根据工程类比法，参照本矿 5# 煤层同类开切眼支护情况，锚杆直径取 20 mm 即可满足要求。

④ 锚固长度的确定：

根据加长锚固公式：

$$L' \geqslant 1/3L$$

式中　L'——锚固长度；

　　　L——锚杆长度。

则：$L' \geqslant 1/3 \times 2\ 400 = 800 \ (mm)$，锚固长度为加长锚固。

锚固长度验算：

$$L_{锚} = (L_{树} \times R_{树}^2)/(R_{孔}^2 - R_{杆}^2) = 750 \times 14^2/(16^2 - 11^2) = 1\ 088.89 > 800 \ (mm)$$

式中　$L_{锚}$——树脂锚固剂锚固长度，mm；

　　　$L_{树}$——树脂锚固剂长度，取 MSCK2850 型树脂药卷 1.5 根，750 mm；

　　　$R_{树}$——树脂锚固剂半径，14 mm；

　　　$R_{杆}$——锚杆半径，11 mm；

　　　$R_{孔}$——钻孔半径，16 mm。

根据锚杆、药卷直径，参照本矿 5# 煤层同类型开切眼支护情况，锚固剂选取 MSCK2850 型树脂药卷 1.5 根满足要求。

通过以上计算，选用直径 20 mm，长度 2 400 mm 的左旋无纵筋Ⅱ级螺纹钢锚杆,托板规格为 150 mm×150 mm×12 mm 金属钢板,树脂药卷为 MSCK2850 型,锚网采用 6.5 mm 钢筋焊制,规格为长×宽=1 800 mm×1 100 mm,网孔规格为 100 mm×100 mm,搭接长度 100 mm。

(2)采用悬吊理论计算锚索参数

① 确定锚索长度:

$$L = L_a + L_b + L_c + L_d$$

式中　L——锚索总长度,m;

　　　L_a——锚索深入到较稳定岩层中锚固长度,m;

　　　L_b——需要悬吊的不稳定岩层厚度,取 3 m;

　　　L_c——上托盘及锚具的厚度,取 0.066 m;

　　　L_d——需要外露张拉长度,取 0.25 m。

锚索锚固长度 L_a 按下式确定:

$$L_a \geqslant K \times d \times f_a / (4f_c)$$

式中　K——安全系数,取 $K = 2$;

　　　d——锚索钢绞线直径,取 21.8 mm;

　　　f_a——钢绞线抗拉强度,N/mm²(1 860 N/mm²);

　　　f_c——锚索与锚固剂的黏合度,取 10 N/mm²。

经计算,$L_a \geqslant 2 \times 21.8 \times 1\ 860/40 = 2\ 027.4$(mm)。

取 $L_a = 2.03$ m,则 $L = 2.03 + 3 + 0.066 + 0.25 = 5.346$(m)。设计取锚索长为 5.346 m。根据工程类比法,参照本矿 5# 煤层同类开切眼支护情况,锚索长度取 7.9 m,满足要求。

② 锚索锚固长度验算:

$$L_{锚} = (L_{树} \times R_{树}^2) / (R_{孔}^2 - R_{杆}^2)$$
$$= 1\ 500 \times 14^2 / (16^2 - 10.9^2) = 2\ 047 > 2\ 027 \text{(mm)}$$

式中　$L_{锚}$——树脂锚固剂锚固长度,mm;

　　　$L_{树}$——树脂锚固剂长度,1 500 mm;

　　　$R_{树}$——树脂锚固剂半径,14 mm;

　　　$R_{杆}$——锚索半径,10.9 mm;

　　　$R_{孔}$——钻孔半径,16 mm。

根据锚杆、药卷直径,参照本矿 5# 煤层同类型开切眼支护情况,锚固剂选取 3 支 MSCK2850 型树脂锚固剂满足要求。

③ 锚索数目的确定:

$$N = K \times W / P_{断}$$

式中　N——锚索数目;

K——安全系数,一般取 2;

$P_{断}$——锚索的最低破断力,583 kN;

W——被吊岩石的自重,kN。

$$W = B \times \sum h \times \sum \gamma \times D$$

式中　B——巷道掘进宽度,取 7.2 m;

$\sum h$——悬吊岩石厚度,取围岩松动圈冒落高度 $b=1.36$ m;

$\sum \gamma$——悬吊岩石平均容重,25.7 kN/m³;

D——锚索间排距,取最大锚索长度的 1/2,取 4 m。

则:$W = 7.2 \times 1.36 \times 25.7 \times 4 \approx 1\,007$ (kN),$N = 2W/P_{断} = 2 \times 1\,007/583 = 3.45$,锚索数量每排取 5.0,符合要求。

④ 锚索倾角确定:

锚索与顶板夹角 90°。

⑤ 锚索的间排距计算:

$$L = NP_{断} / \{K \times [BH \times \sum \gamma - (2F_1 \sin \theta)/L_1]\}$$

$$= 5 \times 583 \div \{2 \times [7.2 \times 4.8 \times 25.7 - (2 \times 105 \times \sin 90°) \div 1]\}$$

$$= 2\,915 \div \{2 \times (888.192 - 210)\}$$

$$= 2.15 \ (\text{m})$$

式中　L——锚索间排距,m;

B——巷道掘进最大冒落宽度,取 7.2 m;

H——巷道冒落高度,按最严重冒落高度(巷道宽度/1.5),取 4.8 m;

$\sum \gamma$——悬吊岩石平均容重,25.7 kN/m³;

L_1——锚杆的排距,1 m;

F_1——锚杆的锚固力,105 kN;

$P_{断}$——锚索的最低破断力,583 kN;

θ——锚杆与巷道顶板的夹角,90°;

N——1 排锚索个数,取 5;

K——安全系数,取 2。

则:锚索间排距小于 2.15 m 即可满足支护设计要求。

通过以上计算,锚索为 ϕ21.8 mm 的钢绞线制作,锚索长为 7 900 mm,托板规格为 300 mm×300 mm×16 mm,每根锚索使用 3 卷 MSCK2850 型树脂锚固剂,锚索锚固端应锚固在坚硬实体岩层中。

开切眼支护主要参数要求见表 5-25。

表 5-25　开切眼支护主要参数要求

项目	参数	要求
锚杆	顶板锚杆长度	＞2 240 m
	帮锚杆长度	＞1 360 mm
	帮锚杆直径	＞17.17 mm
	锚杆间排距	＜1.23 m
锚索	顶板锚索长度	＞5.346 m
	间排距	＜2.15 m

按照以上计算结果,设计方案见表 5-26。

5.2.4.3　支护参数(表 5-26、图 5-63)

表 5-26　开切眼支护方案参数

项目	参数	要求	支护参数
锚杆	顶板锚杆长度	＞2 100 m	ϕ20 mm×2 400 mm 左螺旋无纵筋螺纹钢锚杆
	顶板锚杆间排距	＜1.44 m	间排距 900 mm×900 mm
	帮锚杆长度 帮锚杆直径	＞1 620 mm ＞17.17 mm	正帮玻璃钢锚杆采用 ϕ27 mm×1 800 mm 副帮 ϕ20 mm×2 400 mm 左螺旋无纵筋螺纹钢锚杆
	帮锚杆间排距	＜1.44 m	一次掘进断面: 正帮:间排距 1 200 mm×1 000 mm 副帮:间排距 1 200 mm×900 mm,"五花"布置 二次扩帮断面: 1 200 mm×1 100 mm,"三花"布置
锚索	顶板锚索长度	＞5 346 mm	长度 7 900 mm/直径 21.8 mm
	间排距	＜3 650 mm	切眼一次掘进 1-1 断面:锚索"三三"形式布置,锚索间排距 1 500 mm×1 800 mm; 切眼二次扩帮 2-2 断面:锚索"二二"形式布置,锚索间排距 1 800 mm×1 800 mm

(1) 锚杆支护

① 顶部锚杆支护

一次掘进切眼 1-1 断面:每排 5 根锚杆,间排距为 900 mm×900 mm,肩窝锚杆距帮 450 mm。

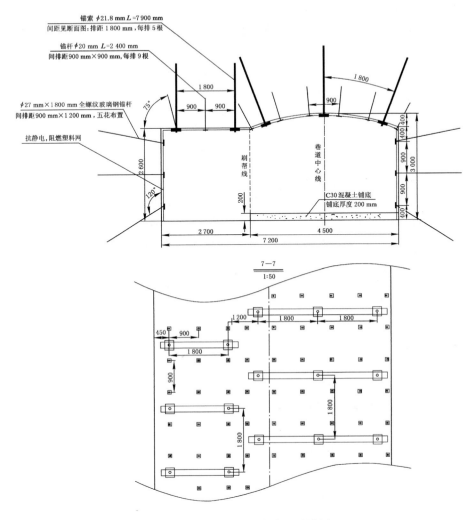

图 5-63　开切眼支护方案一设计图

二次扩帮 2-2 断面:每排 3 根锚杆,与一次掘进锚杆间排距呈 900 mm×900 mm 布置,肩窝锚杆距帮 450 mm。

基本要求:锚杆间排距允许偏差为 ±100 mm,锚杆孔深 2 350 mm,外露长度要求保证螺母上满,露出螺母 10~50 mm;锚杆托盘密贴岩面不松动,锚杆锚固力不小于 105 kN,拧紧力矩不小于 100 N·m。

② 帮部锚杆支护

一次掘进断面:巷道副帮部打 3 趟金属锚杆、压金属网支护,金属网铺满帮部,锚杆间排距 1 200 mm×900 mm,下部锚杆距底板 300 mm,"五花"布置;巷道正帮侧打 2 排玻璃钢锚杆,上部挂一张塑料网支护,锚杆间排距 1 200 mm×1 100 mm(正帮压力大,片帮明显时及时变为三排)。

二次扩帮断面:巷道正帮打 2 排玻璃钢锚杆,上部挂一张塑料网支护,锚杆间排距 1 200 mm×1 100 mm,"三花"布置(正帮压力大,片帮明显时及时变为三排)。

(2) 锚网支护

金属网支护:各断面根据要求铺设网片,保证网片铺满顶板,无露顶现象,网片搭接面紧贴岩面或煤壁,网片搭接长度不小于 100 mm,扎丝联网间距不大于 300 mm,切眼一次掘进顶板锚网铺设距正帮留有 200 mm 空间不进行支护,以免二次扩帮时,综掘机截割部将网割破。

塑料网支护:网片搭接不少于 200 mm,联网间距不大于 300 mm。

(3) 锚索支护

切眼一次掘进 1-1 断面:锚索"三三"形式布置,锚索间排距 1 800 mm×1 800 mm。

切眼二次扩帮 2-2 断面:锚索"二二"形式布置,锚索间排距 1 800 mm×1 800 mm。

基本要求:锚索钻孔深度为 7 700 mm,允许偏差为 0~200 mm,间排距允许偏差为±100 mm,外露长度张拉锁紧后 150~250 mm,锚索预应力不小于 240 kN,锚固力不小于 330 kN。

5.3 现场反馈现象及问题说明

5.3.1 现场反馈现象及问题

在 50112 工作面回采过程中发现,回风巷 2 750~3 200 m 底鼓、帮鼓严重,巷道正帮玻璃钢锚杆断裂现象频发,这个情况与本研究报告中对 50112 工作面回采巷道支护方案的评价结论为合理不大一致。项目组对此现象进行了仔细研究。

5.3.2 现场反馈现象研究与分析

如图 5-64 所示,距 50112 巷口水平距离 2 748.5 m 处地表有河流经过(图中椭圆区域),井下沿 5# 煤层掘进的 50112 巷道倾角 0.244°,近水平煤层,虽然已经抽干,但降雨还会汇集到河流,地面河流地表高度在 1 225 m 左右,50112 回风巷 2 750~3 200 m 段对应井下 5# 煤层赋存高度在 994.4~1 005 m 之间,煤层距河流垂高为 220~230.6 m,埋藏较浅,且高度从西向东逐渐降低,说明 5# 煤层上覆同一岩层也是从西向东逐渐降低,河流里汇集的雨水,经过长时间的渗透并扩散到 5# 煤层、顶板和底板岩层中,虽然地表河流与 50112 巷道开口水平距离为 2 657 m 处,由于同一岩层和煤层高度具有从西向东逐渐降低的特征,导致

50112 回风巷 2 750～3 200 m 段 5#煤层及其顶底板岩层含水率增加,大幅降低了 5#煤及其顶底板的物理力学性质。

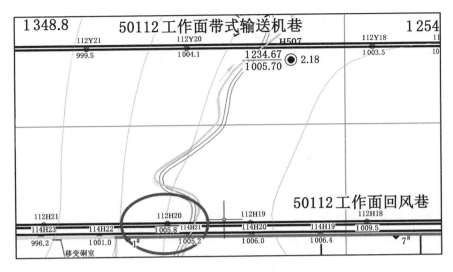

图 5-64　50112 工作面布置平面图

根据煤层综合柱状图,5#煤底板为 3.59 m 厚的泥质粉砂岩,参考相关文献,由图 5-65 可知,峰值强度与含水率大致有着负线性的变化关系,即随着含水率的增大峰值强度在不断降低。由图 5-66 得知,在 15 MPa 围压下,含水率从 0 增加到8%,岩样的峰值强度从 41.659 MPa 降到了 10.347 MPa,强度降低了75.16%。同一围压下,有着相同的规律。但是在同一含水率下,随着围压的增大,虽然饱水试件的峰值强度在增加,但其与干燥试件的峰值强度的相对比值在减小,究其原因,除了与岩样的本身结构有关,主要是由于干燥试样的强度对围压的敏感程度要大于饱水试件强度对围压的敏感度。干燥试件的峰值强度随围压的增长快,而饱水试样的峰值强度随围压的增长较慢,从而造成两者的相对比值减小。

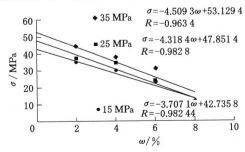

图 5-65　峰值应力 σ 与含水率 ω 的关系

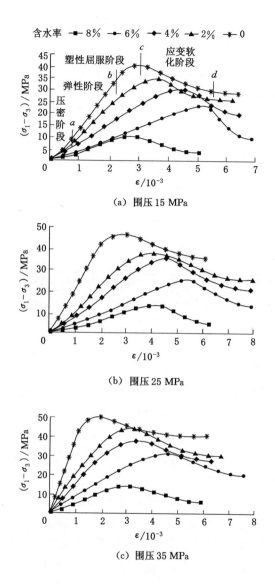

(a) 围压 15 MPa

(b) 围压 25 MPa

(c) 围压 35 MPa

图 5-66　高围压下不同含水率泥质粉砂岩应力-应变曲线

　　由有关文献得知,如图 5-67～图 5-70 所示,煤体含水率与弹性模量、抗压抗拉强度、黏聚力及内摩擦角呈线性负相关,与泊松比呈线性正相关。

　　煤样含水率从 0 增加到 4.7％时,弹性模量从 2.8 GPa 降低到 1.6 GPa,降低了 42.86％;泊松比从 0.08 增加到 0.45,增长了 462.5％。

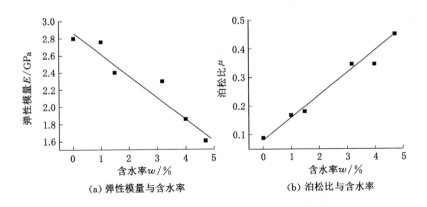

（a）弹性模量与含水率　　　　　（b）泊松比与含水率

图 5-67　煤样弹性模量和泊松比的值与含水率的关系图

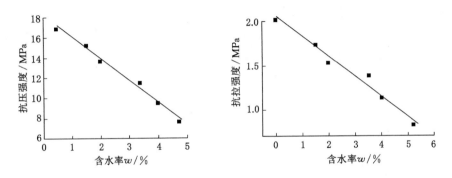

图 5-68　煤样抗压强度与含水率曲线　　　图 5-69　煤样抗拉强度与含水率曲线

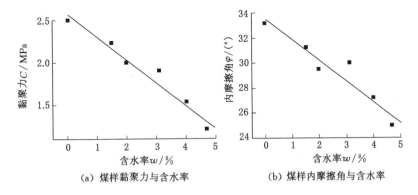

（a）煤样黏聚力与含水率　　　　　（b）煤样内摩擦角与含水率

图 5-70　煤样黏聚力 C、内摩擦角 φ 与含水率的关系图

煤样含水率从 0.4% 增加到 4.7% 时,抗压强度从 16.8 MPa 降低到 7.6 MPa,降低了 54.76%。

煤样含水量从 0 增加到 5.2% 时,抗拉强度从 2.0 MPa 降低到 0.35 MPa,降低了 82.5%。

煤样含水量从 0 增加到 4.7% 时,黏聚力从 2.5 MPa 降低到 0.35 MPa,降低了 86%。

煤样含水量从 0 增加到 5.2% 时,内摩擦角从 33.2° 降低到 24.7°,降低了 25.6%。

由以上综合分析,50112 工作面回采过程中,回风巷 2 750 m～3 200 m 底鼓、帮鼓严重,是由于地面河流积水长时间渗入扩散所致,建议后续工作面在类似条件下掘进时,在河流正下方所对应巷道沿着巷道流水方向 450 m 内加大支护强度,如巷道正帮掘进时采用间排距 900 mm×1 000 mm,三排"五花"布置,并选用 2 000 mm 长的玻璃钢锚杆。因此,建议在类似条件下其他煤层巷道掘进时,应加大正帮支护强度,建议采用间排距 900 mm×1 000 mm,三排"五花"布置,并选用 2 000 mm 长的玻璃钢锚杆。

6 巷道闭环支护理论体系和工作面控制体系

6.1 巷道闭环支护理论体系

6.1.1 基于知识的分区支护设计与优化的方法学

岩石工程及其支护设计是一项复杂的系统工程,受到多种因素制约。一种可行的途径就是把各种行之有效的方法(专家经验、工程经验、理论分析、实验模拟、数值计算和现场监测)结合到一起,将一种方法难以解决的问题转化到可以用另一方法去解决的问题。为此,可以采用一种基于知识的闭环系统模型,如图 6-1 所示。

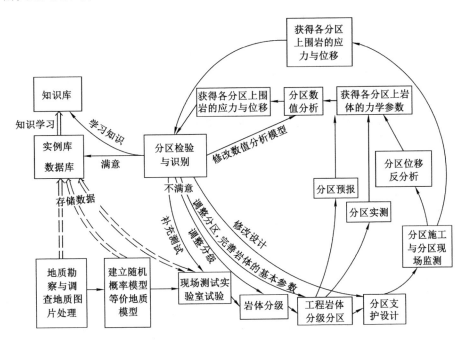

图 6-1 基于知识的闭环系统模型

基于知识的闭环系统模型具有以下特点：

（1）基于知识。在实现整个闭环系统的过程中，应使人类的知识发挥重要的作用，知识通过专家系统不断积累、学习、丰富和完善。

① 利用推理机理，把领域的经验知识转化为知识库的内容，以构成独立的专家系统，用于解决不需数值计算的启发式任务，例如，工程岩体的定性分级、断层、识别等。

② 与现有的理论分析、数值计算（有限元方法、边界元方法等）程序相结合，相互补充。

③ 专家系统用于控制和指导问题的求解。可事先把一个复杂的问题分解成若干个子问题，使子问题之间相互通信而又各自保持相对的独立。然后对每一个局部求解过程使用适当的管理策略，以提供有效的决策支持能力，用专家系统来统一协调各局部，使整个问题在全部意义上达到最优。

④ 应用神经网络的自学习特性，从工程实例中学习知识，并进行非线性动态处理和自适应模式识别，使系统在缺乏先前知识、输入数据含有不完全和模糊的情况下，也能给出合理的结果。

（2）基于闭环。这种闭环特征体现在以下几个方面：

① 工程地质勘察为设计服务，支护设计与施工紧密结合，利用施工提供的反馈信息，指导工程地质勘察，完善支护设计。

② 在地质规律的指导下，通过模式识别等方法分级分区建立模型与进行力学分析，同时在理论指导下进行模糊评价，模糊评价结果反过来又修正确定性的分析结果。

③ 结合运用现有理论设计、经验设计与理论监控设计途径的优点解决问题，并将其融在一起。

为此，建立几个基本闭环：

第一个闭环是根据现场测试和岩石力学试验的数据以及工程要求，利用非确定数学手段统计分析（相关性分析、灰色关联度分析、判别分析、可靠性分析）和神经网络辨识两条途径，确定最佳判据。对工程岩体进行稳定性分级分区，绘出分级分区图，提出各分区的支护参数和施工要求，以经验设计实现目标。这个闭环可适合于Ⅰ、Ⅱ类岩体的普通工程的支护设计与施工，也适合于初步设计。

第二个闭环是在第一闭环的基础上对岩体分区分阶段进行位移和应力监测。用现场监测结果判断围岩稳定状态。依据启发式的数学模型和相关信息判定支护效果，适时调整支护，确定最佳二次支护时机和支护参数。

第三个闭环，根据现场测试的结果对岩体进行分级分区。按各分区内岩体的特征建立各分区的理论模式,并以估算或现场实测的岩体力学参数为入口参数,求出各个分区的工程岩体的应力与位移分布,再进行支护设计。

第四个闭环是根据现场测试,提出工程岩体分级分区,对各区岩体进行初步设计,对施工的岩体进行位移测试,利用反分析求出各区岩体的力学参数和原岩应力分布,再利用对应的理论模式进行正算,求出岩体的应力与位移分布,然后根据需要适当调整工程岩体分区,完成支护的优化设计。

上述的 4 个闭环为基本闭环。每完成一项岩石工程及其支护的最优设计,至少要经过一个基本闭环或某一基本闭环的多次循环或几个基本闭环的结合,直到最终实现目标为止。

(3)强调分级分区。各种理论模式的建立与识别,支护设计以及材料消耗和劳动定额的制定都应建立在岩体分级分区的基础上。

(4)强调系统。把研究问题看成是一个系统,在寻求局部最优解的同时,寻找系统的最优解,并遵循系统整体性、协调性、反馈性和功能优化的要求。对支护设计问题来说,首先研究工程地质特征,即通过地质勘察,搞清楚工程地质条件,并依据工程特点,对工程岩体进行分级分区。然后基于各分区岩体的特征,分区建立合理的力学模型,选择正确的分析方法,使所得的结论能为工程所接受。而且可以减少大量不必要的试验,把这种试验限制在对全局有意义的地方。最后遵循局部与整体的协调性,确定最优支护设计方案。

(5)具有自适应。基于知识的闭环系统模型具有自学习和反馈求精能力,系统能对不同的外界环境的输入作出相应反应,连续学习机制使系统不断地获取、创新和完善知识。不确定性信息通过多次反馈得到进一步的确定。从而在内部规律的指导下,逐步完善设计和力学方法。

围绕基于知识的闭环系统模型进行工程与支护设计,是一条新的技术路线,实践表明,这一先进的技术路线是可靠的,可以依照岩体工程本身的内在规律行事。

6.1.2　联想推理模型

联想推理模型可写成:

如果:(1)问题 A 和问题 B 具有相似的输入参数值,(2)问题 A 的支护方案为 P(P 为一输出矢量),那么,问题 B 有类似于 P 的支护方案 P'。

假设 $Y=(Y_1,Y_2,\cdots,Y_m)^{\mathrm{T}}$ 为支护类型和支护参数的向量,也称输出向量,$X=(X_1,X_2,\cdots,X_n)^{\mathrm{T}}$ 为支护方案选择的影响因素向量,也称输入向量,则第 k 个已知样本的输入向量和输出向量分别为 $X^k=(X_1^k,X_2^k,\cdots,X_n^k)^{\mathrm{T}}$ 和 $Y^k=(Y_1^k,Y_2^k,\cdots,Y_m^k)^{\mathrm{T}}$。$X^k$ 与 Y^k 之间存在如下的非线性映射关系式。

$$Y^k=F\cdot X^k$$

式中　**F**——神经网络学习获得的非线性映射。

这里采用多层前馈神经网络的反向传播(BP)学习算法进行学习。假设我们获得问题 B 的输入向量 $\boldsymbol{X}^B = (X_1^B, X_2^B, \cdots, X_n^B)^T$，并且 $\boldsymbol{X}^B$ 类似于 $\boldsymbol{X}^k$，应用非线性映射 F 和上述的联想推理模型，即可获得问题 B 的支护方案 $\boldsymbol{Y}^B = (Y_1^B, Y_2^B, \cdots, Y_m^B)^T$。

$$\boldsymbol{Y}^B = \boldsymbol{F} \cdot \boldsymbol{X}^B$$

由此可见，这种联想推理模型有效地模拟了人脑的联想思维活动，并解决了缺乏足够认识的问题的支护设计。

6.2　禾草沟煤矿回采工作面围岩控制体系

6.2.1　岩层控制优化研究原则

(1) 矿山压力学术研究坚持科学性和实践性的统一。坚持实践第一，以解决现场提出的矿压或岩层控制问题为中心，采取矿山压力现场研究、实验研究与理论研究紧密结合的科学研究方法进行研究。

(2) 微观研究与宏观指导研究相结合。

① 针对不同地质技术条件和支架结构形式进行深入的矿压显现规律研究。即在微观研究基础上进行分类综合，形成对各类、级围岩控制进行宏观指导的准则。

② 采场应力的微观研究与采区大范围应力研究相结合。

③ 控顶区支架-围岩关系研究与采场周围顶底板与支撑体力学关系的研究相结合。

(3) 矿山压力显现规律的研究与新工艺、新装备的研制相结合，重点是与支护设备的研究相结合。

6.2.2　采煤工作面岩层控制研究工作

改善采煤工作面岩层控制研究工作主要包括以下几个方面。

(1) 坚硬厚砾岩顶板综合机械化开采技术研究(包括工艺和支护设备研究)：

① 顶板高压预注水工艺，参数的试验确定和现场研究。

② 坚硬难垮落顶板矿压显现的相似模拟研究。

③ 坚硬难垮落顶板工作面矿压显现研究，适应坚硬顶板的支架结构和大流量安全阀研制。

(2) 围岩分类、分级的宏观与微观研究：

① 缓倾斜煤层顶板分类的研究：直接顶稳定性分类研究，如分类依据的理

论基础、直接顶分类指标的统计分析;基本顶矿压显现分级研究,如基本顶破断运动的理论;基本顶来压显现的统计分析,模糊聚类,回归分析。

② 采煤工作面底板分类的研究:顶板-支架-底板力学相互作用的理论研究;采动引起的工作面底板岩层应力变形和岩层压入理论研究;底板抗压入特性的实测结果分析;底板抗压入特性的统计分析和分类。

（3）液压支架结构参数优化选择研究:

① 各类液压支架工作面矿压显现的现场研究;

② 液压支架工作阻力确定研究;

③ 掩护型液压支架受力分析;

④ 架型与围岩适应性的理论和实验研究,包括顶梁和底座载荷分布,水平力和水平位移规律的研究;

⑤ 围岩可控性分组与支架选型专家系统。

（4）长壁工作面支架-围岩力学相互作用的研究:

① 围岩应力变形的数值分析研究;

② 支架围岩平衡条件的解析法研究;

③ 支架外载和受力特征的现场研究。

（5）围岩采动应力分布的微观和宏观研究:

① 采场周围支承压力分布的解析法研究;

② 近水平煤层开采大范围三维应力分布数值法研究;

③ 倾斜煤层开采支承压力分布解析法及数值法研究。

（6）破碎顶板物理化学加固和冒落空硐充填技术研究。

（7）采煤工作面顶板动态电子监测系统应用。

以上列举的项目明确地体现了所述研究路线的三个基本原则。

6.2.3　禾草沟矿岩层控制优化设计流程

矿压研究的目标是实现在每个具体条件下岩层控制设计和实施的优化,即用最小的代价取得最佳的技术经济效益。基本的流程是:

（1）通过对直接顶的地质和岩石力学属性、矿压显现进行观测研究,分析确定本煤层或工作面直接顶的稳定性类别。

（2）通过矿压显现的观测研究,确定本煤层或工作面的基本顶压力显现级别。

（3）通过对煤层底板抗压入特性的测定,确定底板的容许比压（容许抗压入载荷强度）和底板级别。

（4）通过对以上结果的综合分析,确定本煤层围岩可控性类别 ,包括是易控围岩,还是较难控围岩或者属于难控围岩。初步选择支架结构形式。

（5）分析液压支架与围岩的力学特征和适应性，初步选定支架具体结构，再通过专家评分法和论证，最终确定支架结构和初步参数。

（6）根据本煤层的矿压显现和围岩稳定性数据及支护阻力计算结果，提出支护阻力下限选择建议，确定支架额定工作阻力。

（7）对于液压支架，根据已选定的支架结构参数，估算可能的顶板外载合力作用点位置和方向和底板反力作用点，计算底板反力分布和支架底座尖端比压。如果该比压超过煤层底板的容许比压，必须修改支架结构参数，直至满足上述要求。

（8）根据本工作面的开采环境（邻近煤层及相邻工作面是否开采），借助大范围应力计算程序，计算采区大范围内的围岩应力分布，圈定应力高峰区。依此，选择有利的工作面切眼位置和推进方向。

（9）根据顶板的力学特征和构造特征确定和选择必需的附加顶板控制措施，包括：难垮落顶板的弱化措施（高压预注水，水力压裂，预裂爆破等）；构造弱面较多或需通过断层带时，必需的物理化学加固措施等。

（10）根据采高、煤层硬度、煤层倾角等地质和开采条件，选定改善工作面围岩控制的附加措施，包括液压支架工作面端头结构，侧护板结构，移架顺序，顶梁护帮结构等。

具体条件下煤岩层控制优化流程可简化为如图6-2所示的框图。而岩层控制优化研究体系的基本框架，如图6-3所示。

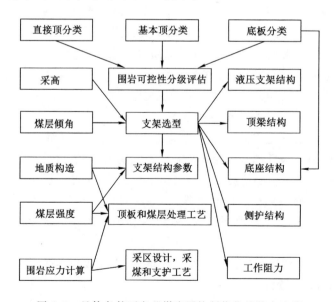

图6-2 具体条件下实现煤岩层控制优化的基本流程

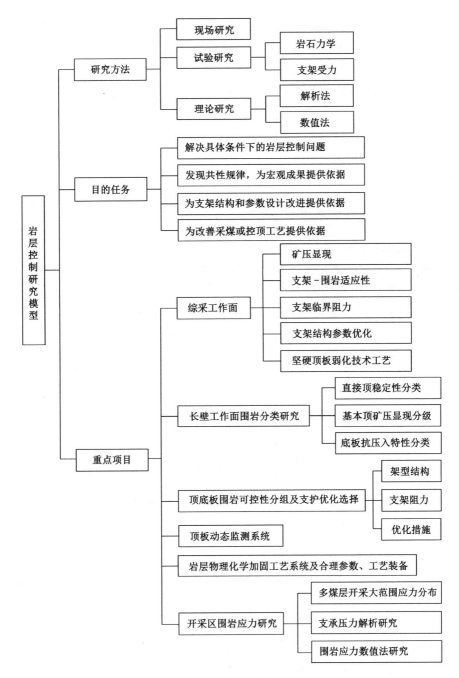

图 6-3 岩层控制优化研究体系的基本框架

7 回采覆岩破断规律和运移特征及 "竖三带"和"横三区"研究

7.1 采场覆岩活动规律理论

（1）压力拱结构

1928 年，德国科学家哈克和吉里策尔提出了压力拱假说。当直接顶为易垮落的较厚的岩层时，在回柱和移架后能自行垮落并充填采空区，这种情况下，基本顶破坏对工作面来压影响较小，这种顶板由于岩层自然平衡的结果，在采场上方可能形成一个压力拱结构，压力拱结构应力分布如图 7-1 所示，拱的前支点在工作面前方煤体上，后支点由后方采空区已冒落的矸石支撑，随着工作面推进，前后拱脚也在向前移动。工作面在压力拱结构掩护下属于应力减弱区，支架承载仅为覆岩质量的百分之几。

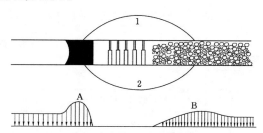

A—前拱脚；B—后拱脚；1—顶板内压力拱轴线；2—底板内压力拱轴线。

图 7-1 压力拱结构应力分布

（2）砌体梁结构

砌体梁结构由我国学者钱鸣高院士提出，当直接顶岩层厚度小于采高 2～4 倍时，垮落后不能完全充填采空区，基本顶较坚硬，来压明显。基本顶与采空区间存在一定空间，基本顶在破断回转时可能形成铰接结构，这种结构中岩块 B 前铰接点 O_1 承担岩块 B 质量及其上覆岩层载荷，后铰接点 O_2 受到岩块 C 给的水平挤压力 T 的作用，形成半拱式结构。砌体梁结构见图 7-2。

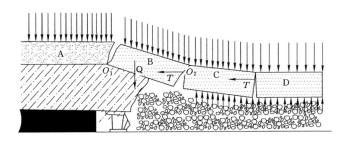

图 7-2　砌体梁结构

（3）铰接岩块假说

铰接岩块假说由库兹涅佐夫在 1954 年提出，该假说认为，工作面上覆岩层的破坏分为垮落带及裂隙带（规则移动带）。垮落带分为两部分，下部垮落时岩块杂乱无章，称为不规则垮落带；上部垮落时排列规则，称为规则垮落带，其与规则移动带（裂隙带）的区别在于，水平方向上无水平挤压力的联系，即规则移动带块体间可以相互铰合形成可以传递水平挤压力的铰链，规则下沉。此假说还认为在支架围岩关系上，当直接顶和基本顶岩层发生离层时，支架只承受折断岩层的所有质量，称为"给定载荷状态"，当直接顶受基本顶影响折断时，支架承受载荷大小及变形状况取决于规则移动带下部岩块的相互作用，载荷和变形随岩块下沉不断增加，直到岩块受已垮落岩石的支撑达到平衡为止，此种支架承载状态称为支架的"给定变形状态"。铰接岩块间的平衡关系称为三铰拱式的平衡。铰接岩块假说如图 7-3 所示。

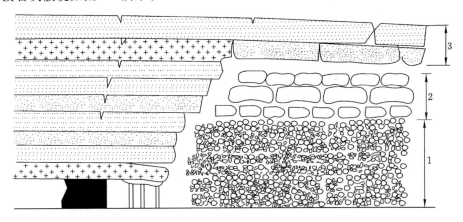

1—不规则垮落带；2—规则垮落带；3—裂隙带。

图 7-3　铰接岩块假说

（4）预成裂隙假说

预成裂隙假说在 20 世纪 50 年代由比利时学者拉巴斯提出，假塑性梁是该假说中主要组成部分，此假说对上覆破断岩块的相互作用关系的解释为，由于开采影响，回采工作面上覆岩层的连续性遭到破坏成为非连续体，在回采工作面周围受采动影响的煤岩体内存在着应力降低区（卸压区）、应力增高区和采动影响区（假塑性变形区），如图 7-4 所示。随着工作面的推进，三个区域同时相应地向前推进。

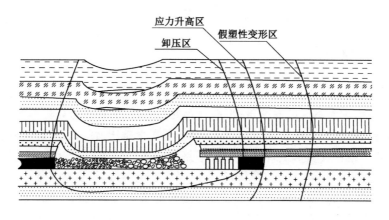

图 7-4　预成裂隙假说

由于开采后上覆岩层中存在着许多由于支承压力作用形成的裂隙，这些裂隙可能与正压应力平行，也可能与正压应力存在一定角度（剪切裂隙），进而使岩体发生很大的类似塑性体的变形，因而可将其视为"假塑性体"。这种被各种裂隙破坏了的假塑性体处于一种彼此被挤紧的状态时，可以形成类似梁的平衡。在煤层自重及上覆岩层载荷作用下会发生大幅的假塑性弯曲。当下层岩层下沉量大于上层岩层下沉量时，就产生离层。对于支架围岩关系，此假说认为，为使顶板被有效保护，首先需保证支架有足够的初撑力和工作阻力，并及时有效地支撑住顶板岩层，使各岩层或各岩块间间隙减弱，保持挤紧状态，增大彼此间摩擦力，阻止岩层破断岩块之间的相对滑移、张裂与离层。

（5）悬臂梁假说

悬臂梁假说由德国科学家施托克于 1916 年提出。此假说认为工作面和采空区上方的顶板可视为梁，此结构一端固定于岩体中，另一端处于悬伸状态，如图 7-5 所示。当悬臂梁弯曲下沉后受到已垮落矸石的支撑，当悬伸长度够大时，发生周期性折断，引起周期来压。此假说可以解释距工作面越近顶板下沉量越小，支架承载越小，距工作面越远下沉量越大的现象。同时也可以解释工作面前方出现的支承压力及工作面出现的周期来压现象。

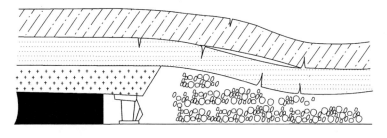

图 7-5   悬臂梁假说

7.2   采动覆岩应力及裂隙演化规律分析

7.2.1   采动工作面覆岩应力分布特征

（1）原岩体内掘进巷道引起的围岩应力

岩体未被开采时，大多呈现为弹性状态，上部承受的岩层重量 γH 即为其原始垂向应力 p。一旦巷道被开掘之后，原岩应力就会重新分布，应力集中于巷道围岩之内。当岩体强度大于围岩应力时，围岩仍为弹性状态，此时就可以用弹性力学法计算围岩应力，只需按平面应变问题处理即可。

图 7-6(a) 是双向等压的原岩应力场内巷道围岩的应力分布图。当岩体强度低于围岩应力时，围岩开始发生变形，自周边向围岩内部深入，就会出现塑性变形区域，该区域介质具有弹塑性质。图 7-6(b) 即是围岩应力的分布情况，利用极限平衡理论进行分析，与原始应力 γH 相比，围岩在塑性区内圈(A)的强度相对较弱，容易发生位移和破裂，这块区域被称为破裂区，又称卸载或应力降低区。塑性区外圈(B)的围岩应力比原始应力高，属于应力增高区范围，和弹性区内的应力增高部分一致，属于承载区。继续向深部发展，即为原岩应力区，状态十分稳定。试验表明，围岩强度不会丧失殆尽，即使应力达到了极限，它也只是随着变形程度的增加而有所下降，最后则只剩残余强度。

工作面的继续推进会使中厚煤层围岩的支撑作用丧失，从而出现变形和破裂，岩石内部的应力场重新布局。已经采空的区域的应力会逐渐减少，该区域大致为椭圆形，随着开采工作继续，应力逐渐下降至零，同时塑性破坏作用于上、下覆岩，导致变形破裂，发育成裂隙场，容易诱发上部岩体垮落。

（2）回采工作面周围支撑压力分布特征分析

随着工作面的不断推进，开采扰动原岩应力场的平衡状态受到破坏，初始三

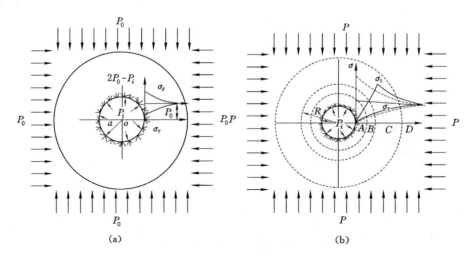

(a)　　　　　　　　　　　　(b)

P—原始应力；σ_t—切向应力；σ_r—径向应力；P_i—支护阻力；a—巷道半径；R—塑性区半径；

A—破裂区；B—塑性区；C—弹性区；D—原岩应力区。

图 7-6　圆形巷道围岩弹性变形和塑性变形应力分布

向受力状态转变为二向受力状态，势必引起围岩应力的重新分布。图 7-7 为采空区围岩应力重新分布图。

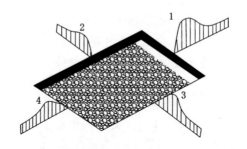

1—工作面前方超前支承应力；2—工作面倾斜或仰斜方向残余支承应力；

3—工作面倾斜或仰斜方向残余支承应力；4—工作面后方采空区支承应力。

图 7-7　采空区围岩应力重新分布图

煤层受采动影响使其平衡状态被打破，原岩应力开始重新分布。巷道的维护除受自然因素之外，开采扰动对其影响最为显著。煤层开采后形成采空区，在自重应力作用下，上部岩层将会使采空区周围形成的新支承点发生转移，有利于在采空区周围形成支承压力带。当开采工作进行一段时间之后，倾斜和仰斜方向上的支承压力基本保持稳定，称为残余支承压力。当回采工作进展一段时间之后，上覆岩层的活动基本保持平稳，某些冒落的矸石不断被压实，这就传递给未冒落岩层新的支撑力,这些力称为采空区支承压力。理论研究发现,当工作面处于自然状态下,上覆岩层重力就是它的支承压力,即便如此,该力依然会受其他因素的影响。开采活动必然会打破原岩应力的平衡,使之发生转移,但最初的这种变化一般不会产生明显裂隙,也不会使原生裂隙扩张诱发次生裂隙造成岩块发生断裂,因此围岩在一定空间内不会发生太严重的破裂和坍塌现象。由于丧失原有煤体的支承,采空区两侧的煤柱就要承担起自重载荷,应力集中现象由此产生,该区域为应力递增区。开采活动的继续进行使原岩应力增加,直到达到侧向支承压力峰值,此时其内部的原生裂隙就会进一步发育,形成裂隙网,有利于运移和积聚瓦斯。

7.2.2 采动工作面覆岩裂隙演化特征

煤层采出后形成采空区,打破其原岩应力的平衡,使之位移变动。覆岩在垂向方向上的移动和破坏都具有分带特征,这与其岩性、采矿等因素紧密相关。当开采工作位于非浅部煤层时,其分带性自下而上依次为冒落带、裂隙带和弯曲下沉带;不同岩层的变形破坏程度又有所不同,了解清楚"三带"的具体分布,将有助于防治和抽采瓦斯工作的推进。工作面覆岩垮落状态如图7-8所示。

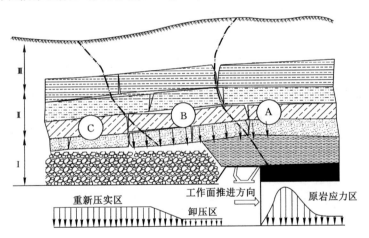

A—煤壁支撑区;B—离层区;C—重新压实区;Ⅰ—冒落带;Ⅱ—裂隙带;Ⅲ—弯曲下沉带。

图7-8 工作面覆岩垮落状态

(1)冒落带:位于上覆岩层的最下部。由于工作面的推进,导致悬顶的直接形成,受自重作用影响,先是出现弯曲变形,随着内部拉应力越来越大,最终超出岩石的抗拉强度,此时就会造成断裂以及垮落,采空区内就会累积很多不同大小和形状的岩块。根据实际情况,冒落带将被划分为两部分,规则冒落带位于上部,岩层出现不连续的垮落,但整体层序分明;下部不规则冒落带,岩层破坏程度严重,煤层开采后,直接顶直接呈悬露状态,应力状态由三向力变成两向力,在上部自重作用下,冒落岩块破碎、无序地散落在采空区。冒落带的高度受多方面因素的影响,包括采厚、可压实性以及顶板关键层位置等,其高度一般是采高的3～5倍。

（2）裂隙带:在冒落带上层,断裂较多,但岩层的原有层序依然可见。开采工作的持续进行使其不断向上扩张,直到发育至其上限后扩张才会停止。工作面经过之后的一段时间,岩层活动开始平稳,上部的裂隙也会慢慢闭合消失,断裂带的整体高度有所下降。这种裂隙场基本包括两个组成部分:第一是平行于层面的离层,开采工作导致的岩层弯曲下沉所致,正是由于它的存在,与煤层采厚高度相比,地表下沉量才会较小;第二是拉张裂隙,大多为斜交或垂直方向,岩层断裂之后,往往会向下弯曲拉伸,进而形成拉张裂隙。它对岩层的完整性基本不会有太大影响,两侧的岩层依然连续分层显示。同时裂隙范围不固定,可能会波及一层、多层甚至全部岩体。

（3）弯曲下沉带:断裂带以上,地表以下。岩层受开采影响具有整体性和成层性特点。因与采场相距最远,所受波及也最小,整体呈下沉弯曲状。岩体整体性保持良好,尤其当带内岩层软弱或土层松散时,上下的下沉量差距就更小,离层现象一般在弯曲带下部,但是该离层裂隙并不会使裂隙之间相通,因此不能用于卸压瓦斯,只能进行局部充气。

上述岩层移动过程中出现的分带性特征,会因地质和采矿条件的变化而变化。例如,当倾斜煤层进行开采时,仅出现断裂带和弯曲下沉带,并不会出现冒落带;而当煤层比较厚但开采深度较小时,仅出现冒落带和断裂带,并且断裂带可能直接延伸到地表,此时并不会出现弯曲下沉带;开采急倾斜煤层时,采空区上部出现明显的三带划分,与此同时底板还可能出现沿层面滑动现象,如果急倾斜煤层厚度比较厚时,在采空区上方的煤柱会出现片帮或垮落,并且延伸到地表,严重时会引起地表塌陷成坑。

7.2.3 5# 煤层采后覆岩冒落与裂隙发育特征计算分析

冒落带是下部煤层开采以后,岩块呈不规则的垮落而形成。影响冒落带的因素除采高以外,还与岩石的碎胀系数有关。一般来说,岩石比较软时,岩石碎胀系数较小;岩石比较硬时,岩石碎胀系数相对较大。不同的岩石碎胀系数 K_P 值见表 7-1。

表 7-1 岩石碎胀系数

软岩	中硬岩	硬岩
泥岩、黏土、泥质页岩	砂岩、泥质灰岩、砂质页岩	石英砂岩、石灰岩、砾岩、砂质页岩
1.10～1.20	1.20～1.30	1.30～1.40

禾草沟煤矿 5# 煤层顶板从下至上依次为：0.98 m 砂质粉砂岩、0.34 m 煤、11.17 m 油页岩、16.6 m 细粒砂岩等。不考虑垮落过程中顶板的下沉量，则冒落带的最大高度 H_m 为：

$$H_m = \frac{M}{[(K_P - 1)\cos \alpha]} \tag{7-1}$$

式中　H_m——冒落带的最大高度，m；

　　　M——采高，m；

　　　α——煤层的倾角；

　　　K_P——冒落带岩层的碎胀系数。

5# 煤层厚度取 2.28 m，煤层平均倾角取 1.5°，考虑到实际顶底板岩性分布的不均匀性，K_p 分别取 1.2 和 1.3。根据第 2 章岩石力学参数测试结果，并结合表 7-1 计算，取 $K_p = 1.2$，则 $H_m = 11.4$ m；取 $K_p = 1.3$，则 $H_m = 7.6$ m。5# 煤层工作面采空区上方的冒落带的最大高度为：7.6～11.4 m。根据 5# 煤层顶板岩层分布状况，结合 5# 煤层长壁开采顶板垮落规律理论分析结果，最终确定顶板冒落带高度为 11.4 m，冒落岩层的碎胀系数为 1.2。

在生产实践当中，把冒落带和裂隙带的高度之和称为导水裂隙带。目前确定上覆岩层裂隙带高度的方法很多，本次工作按如下几种方法综合确定导水裂隙带高度。

(1) 按《煤炭工业设计规范》确定导水裂隙带高度，公式计算如下：

$$H'_{li} = \frac{100M}{1.6M + 3.6} \pm 5.6 \tag{7-2}$$

$$H''_{li} = 20 \sqrt{M} + 10 \tag{7-3}$$

$$H_{li} = \max(H'_{li}, H''_{li}) \tag{7-4}$$

式中　H_{li}——导水裂隙带高度，m；

　　　M——采高，m，以下同。

5# 煤层采高按 2.28 m 计算得：$H'_{li} = 25.86～37.06$ m；$H''_{li} = 40.2$ m。则导水裂隙带高度为 40.2 m。

(2) 按岩体综合强度预计方法确定导水裂隙带高度，计算公式如下：

$$H_{li} = H_m + \frac{M}{a \cdot M + b} \tag{7-5}$$

式中　H_m——冒落带高度，m；

　　　a, b——岩体综合强度系数，$a = 0.107\,5 - 0.02\,4\ln R_c$，$b = 0.155 - 0.029\,9\ln R_c$，$R_c$ 为覆岩的综合强度，MPa。

5# 煤层顶板的抗压强度为 37.36，考虑节理裂隙的影响，影响系数取 0.9，则

$R_c = 33.624$ MPa。计算得 $a = 0.023\,1$，$b = 0.05$，$5^{\#}$ 煤层采高按 2.28 m 计算，冒落带顶部至裂隙带顶部高度为 22.21 m，则两带总高度为 33.61 m。

$5^{\#}$ 煤开采上覆岩层垮落及移动特征分析示意图如图 7-9 所示。综合以上各式 $5^{\#}$ 煤层长壁开采，采高取 2.28 m，则导水裂隙带高度（冒落带和裂隙带两带的总高度）为 33.61～40.2 m。

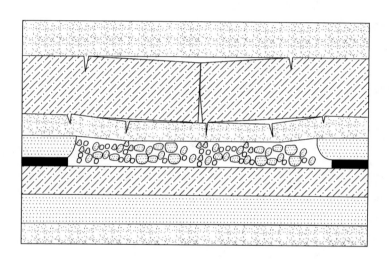

图 7-9　$5^{\#}$ 煤开采上覆岩层垮落及运移特征分析示意图

7.3　50205 工作面采动覆岩应力及裂隙演化规律数值模拟分析

为了使工作面采动覆岩应力及裂隙演化规律分析更加科学合理，在综合现场调研、钻芯取样和理论分析的基础上，借助 FLAC 数值模拟软件，对 50205 工作面"横三区"（煤壁支撑区、离层区、重新压实区）和"竖三带"（冒落带、裂隙带、弯曲下沉带）进行数值模拟计算，以指导工作面支护和巷道优化设计参数。

7.3.1　50205 工作面"横三区"数值模拟分析

（1）数值模型建立

在建模过程中按照禾草沟煤矿综合柱状图的尺寸，坐标系采用直角坐标系，将 XOY 平面取为水平面，Z 轴取铅垂方向，并且规定向上为正，整个坐标系符合右手螺旋法则。模型左下角点为坐标原点，水平向右为 X 轴正方向，

水平向里为 Y 轴正方向,垂直向上为 Z 轴正方向,重力方向沿 Z 轴负方向。本次模拟主要研究 50205 回采工作面围岩应力分布特征及其"横三区"变化规律。建立三维模型的尺寸为 150 m×15 m×86.8 m,共划分 157 500 个单元,171 536 个结点,建立模型如图 7-10 所示。三维模型的边界条件取为:四周采用铰支,底部采用固支,上部为自由边界。回采巷道煤岩层物理力学参数均按实验室煤岩样测试结果和工程类比对模型进行赋值,模拟力学参数见第 2 章表 2-12。

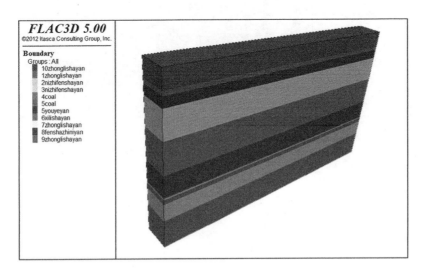

图 7-10 数值计算模型

计算模型边界条件确定如下:

① 模型 X 轴两端边界施加沿 X 轴的约束,即边界 X 方向位移为零;

② 模型 Y 轴两端边界施加沿 Y 轴的约束,即边界 Y 方向位移为零;

③ 模型底部边界固定,即底部边界 X、Y、Z 方向的位移均为零;

④ 模型顶部为自由边界。

计算模型边界载荷条件:考虑工作面在地层中所处最深处约 400 m,地应力边界条件根据实际测量结果进行施加,垂直应力 10.0 MPa,选用 Mohr-Coulomb 本构模型。

(2)数值模拟计算与分析

数值模拟模型如图 7-11 所示。对煤层进行开挖,开挖高度 2.28 m,分步开挖 5 m、10 m、20 m、30 m、40 m、50 m、60 m、70 m,经过计算,模型最大不平衡力如图 7-12 所示。

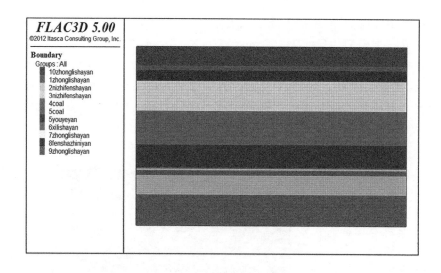

图 7-11　建立模型平面图

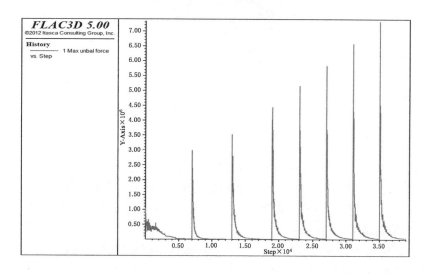

图 7-12　模型最大不平衡力

　　图 7-13、图 7-14 分别为工作面推进 5 m 时的垂直应力云图和塑性区，图 7-15、图 7-16 分别为工作面推进 10 m 时的垂直应力云图和塑性区，图 7-17、图 7-18 分别为工作面推进 20 m 时的垂直应力云图和塑性区，图 7-19、图 7-20

分别为工作面推进 30 m 时的垂直应力云图和塑性区,图 7-21、图 7-22 分别为工作面推进 40 m 时的垂直应力云图和塑性区,图 7-23、图 7-24 分别为工作面推进 50 m 时的垂直应力云图和塑性区,图 7-25、图 7-26 分别为工作面推进 60 m 时的垂直应力云图和塑性区,图 7-27、图 7-28 分别为工作面推进 70 m 时的垂直应力云图和塑性区。

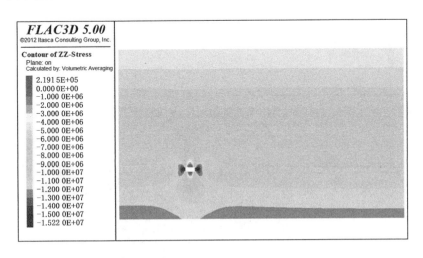

图 7-13　工作面推进 5 m 时的垂直应力云图

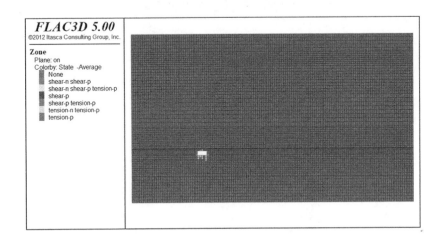

图 7-14　工作面推进 5 m 时的塑性区

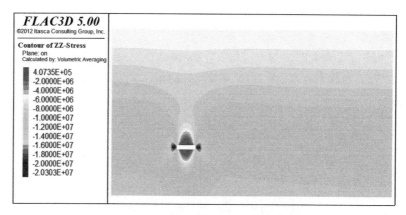

图 7-15　工作面推进 10 m 时的垂直应力云图

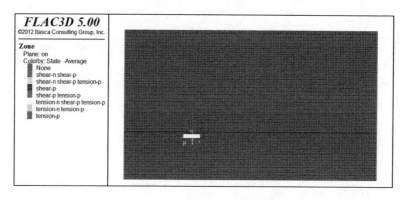

图 7-16　工作面推进 10 m 时的塑性区

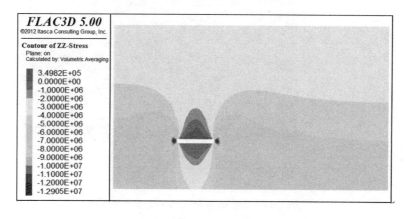

图 7-17　工作面推进 20 m 时的垂直应力云图

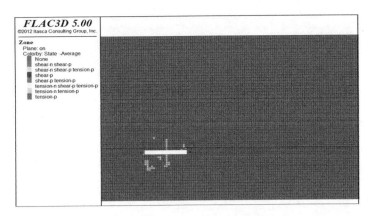

图 7-18　工作面推进 20 m 时的塑性区

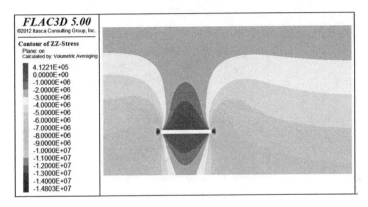

图 7-19　工作面推进 30 m 时的垂直应力云图

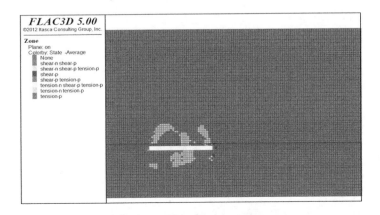

图 7-20　工作面推进 30 m 时的塑性区

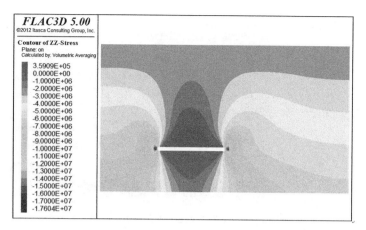

图 7-21 工作面推进 40 m 时的垂直应力云图

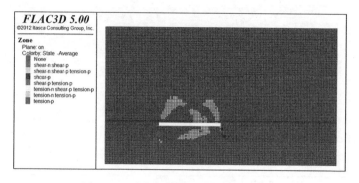

图 7-22 工作面推进 40 m 时的塑性区

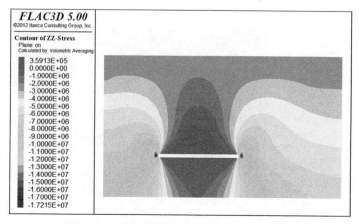

图 7-23 工作面推进 50 m 时的垂直应力云图

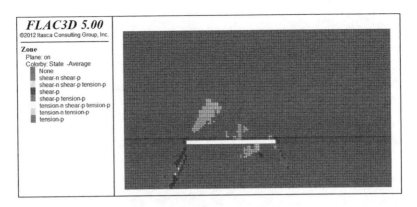

图 7-24　工作面推进 50 m 时的塑性区

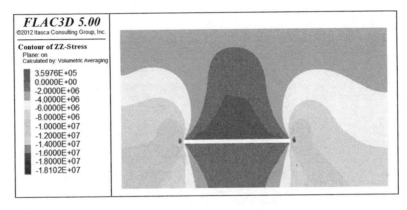

图 7-25　工作面推进 60 m 时的垂直应力云图

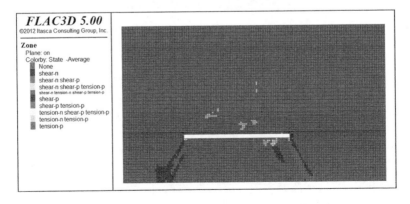

图 7-26　工作面推进 60 m 时的塑性区

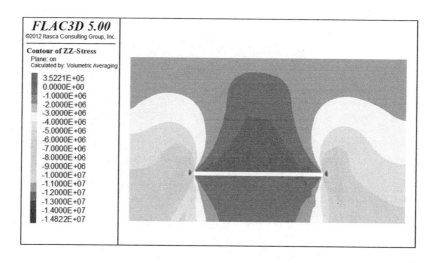

图 7-27　工作面推进 70 m 时的垂直应力云图

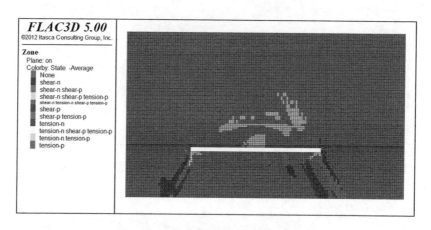

图 7-28　工作面推进 70 m 时的塑性区

从以上模拟图可知，当 50205 工作面推进从 5 m 至 10 m 距离时，工作面"横三区"（煤壁支撑区、离层区、重新压实区）发育不明显。当工作面向前推进 20 m 时至 70 m 时，采空区顶板塑性区不断往深部发展。图 7-26 和图 7-28 分别表示工作面推进 60 m 和 70 m 时的塑性区分布图，这两个图形状基本一致，呈现驼峰形状。图 7-25 和图 7-27 分别为工作面推进 60 m 和 70 m 的垂直应力云图，图形形状基本一致，此时表明，50205 工作面"横三区"（煤壁支撑区、离层区、重新压实区）发育开始基本稳定。结合图 7-28 和图 7-29 得知：工作面煤壁支撑区位于工作面前方 28.8 m 范围内，压力峰值点位于工作面煤壁前方 12.33 m。

离层区宽度位于工作面后方 10.3 m,工作面后方 10.3 m 以外为重新压实区。

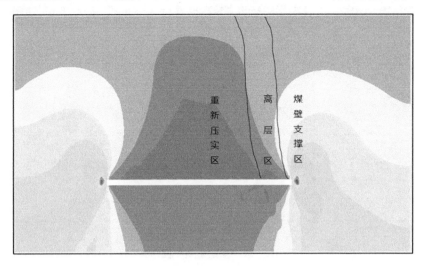

图 7-29　50205 工作面"横三区"分布云图

7.3.2　50205 工作面"竖三带"数值模拟分析

（1）数值模型建立

本次模拟主要研究 50205 回采工作面采空区上方围岩应力分布特征及其上部三带发育特征。建立三维模型的尺寸为 400 m×15 m×86.8 m,共划分944 756个单元,900 000 个结点,建立模型如图 7-30 所示。三维模型的边界条件取为:四周采用铰支,底部采用固支,上部为自由边界。回采巷道煤岩层物理力学参数均按实验室煤岩样测试结果和工程类比对模型进行赋值,模拟力学参数见表 2-22。边界条件同 50205 工作面"横三区"数值模拟。

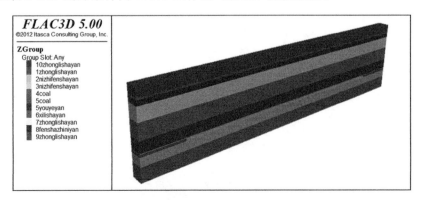

图 7-30　数值计算模型

（2）数值模拟计算与分析

数值模型建立后，对煤层进行开挖，开挖宽度 300 m，高度 2.28 m，如图 7-31 所示。经过计算，模型最大不平衡力如图 7-32 所示。

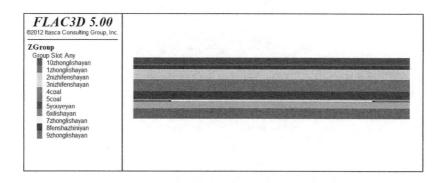

图 7-31　开挖模型平面图

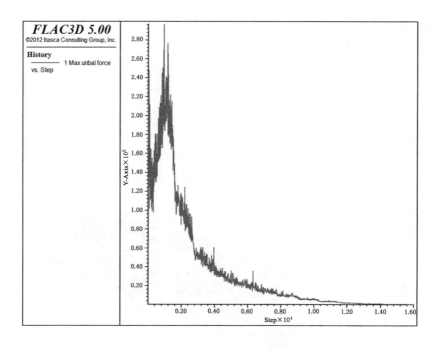

图 7-32　模型最大不平衡力

图 7-33 和图 7-34 分别为 50205 工作面的垂直应力云图和水平应力云图。从图 7-33 中可以得出,采场两侧出现了垂直应力升高区,最大垂直应力达到 11.89 MPa;从图 7-34 中可以得出,采场两侧同样出现了水平应力升高区,最大水平应力达到 8.65 MPa。图 7-35 为 50205 工作面的塑性区分布图,从图中可得出冒落带+裂隙带的最大高度为 33.8 m,弯曲下沉带高度为 33.8~50.7 m。

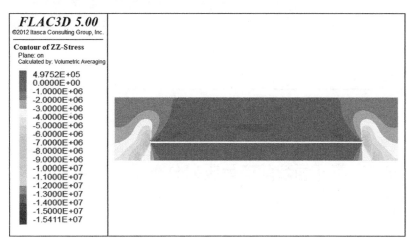

图 7-33　50205 工作面垂直应力云图

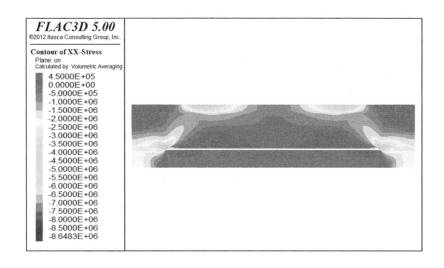

图 7-34　50205 工作面水平应力云图

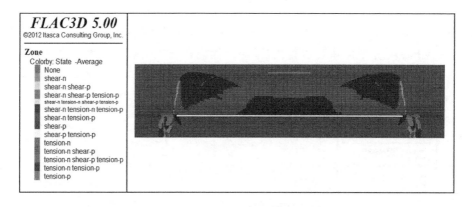

图 7-35　50205 工作面塑性区

7.4　50205 工作面超前支承压力分布规律测量

7.4.1　研究目的

综采工作面煤壁片帮、冒顶及支架稳定性低等都有可能引发安全事故。造成上述现象的主要原因是无法全面了解综采工作面超前支承压力的分布规律。因此,要探究工作面超前支承压力分布规律,对超前支承压力分布规律进行全面了解和掌握,采取针对性的措施对煤壁及顶板稳定性进行控制,从而更好地提高综采工作面的生产能力和经济效益。

采场支承压力分布和工作面超前支承压力分布分别如图 7-36 和图 7-37所示。

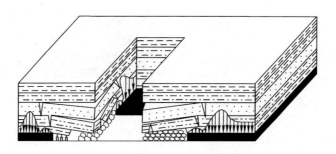

图 7-36　采场支承压力分布

7.4.2　钻孔应力计安装布置方案

（1）测试目的:工作面超前支承压力。

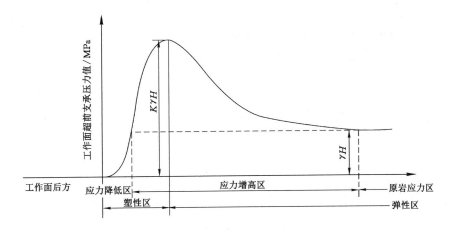

图 7-37 工作面超前支承压力分布

（2）安装位置：50205 回风巷，向工作面煤体内安装。

（3）测站设置：6 台 GYW25 围岩应力传感器（图 7-38），分为 3 个测站，6 个测点，1#测点距工作面 75 m，2#测点距工作面 76.8 m，3#测点距工作面 95 m，4#测点距工作面 96.8 m，5#测点距工作面 115 m，6#测点距工作面116.8 m。如图 7-39 所示。

图 7-38 GYW25 围岩应力传感器

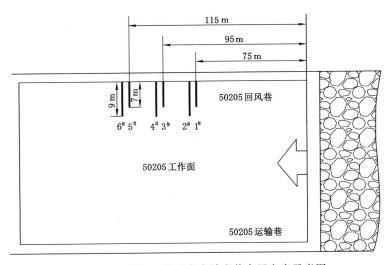

图 7-39 禾草沟矿钻孔应力计安装布置方案示意图

（4）钻孔直径：$\phi50$ mm。

（5）钻孔位置：距离底板 1.2 m，水平孔。

（6）钻孔深度：测站钻孔深度分别为 7 m（1#孔、3#孔、5#孔）和 9 m（2#孔、4#孔、6#孔）。

钻孔应力数据利用 YHC1 煤矿用本安型数据采集仪采集，每 2 h 记录一次数据，采集数据时记录分机将所记录的数据发送到采集仪，通过数据传输适配器将数据导入计算机，并由配套的计算机数据处理软件进行分析处理。

7.4.3 数据分析

1#孔围岩应力计由于设备出现故障，因此，采集的数据不能够进行分析。2#孔、3#孔、4#孔、5#孔、6#孔的钻孔应力计采集数据如图 7-40 至图 7-44 所示。

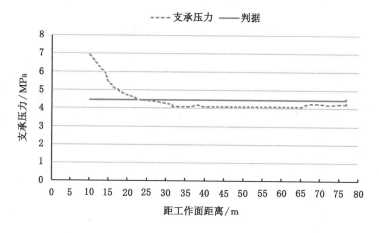

图 7-40　2#孔围岩应力值

2#孔围岩应力计数据如图 7-40 所示。钻孔应力计平均值为 4.53 MPa，当回采工作面向前推进至距 2#孔应力计 22.8 m 时，采动引起的超前支承压力开始明显增大；当推进至距 2#孔应力计 10.0 m 时，钻孔应力计达到 6.94 MPa。由于工作面推进速度较快，仪表被拆除，后续应力未能监测，因此，将 6.94 MPa 作为超前支承压力峰值点，应力集中系数为 1.53，超前支承压力影响范围为 0～22.8 m。

3#孔围岩应力计数据如图 7-41 所示。钻孔应力计数值平均值为 4.49 MPa，当回采工作面向前推进至距 3#孔应力计 23.4 m 时，采动引起的超前支承压力开始明显增大，推进至距 3#孔应力计 9.0 m 时，钻孔应力计数值达到 6.31 MPa，推进至距 3#孔应力计 8.2 m 时，钻孔应力计数值降到 6.24 MPa，因此，将 6.31 MPa 作为超前支承压力峰值点，应力集中系数为 1.41，超前支承压力影响范围为 0～23.4 m。

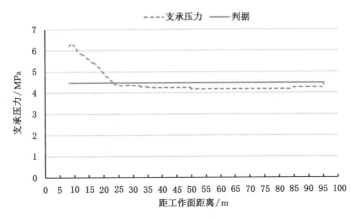

图 7-41 3#孔围岩应力值

4#孔围岩应力计数据如图 7-42 所示。钻孔应力计数值平均值为 4.95 MPa,当回采工作面向前推进至距 4#孔应力计 22.0 m 时,采动引起的超前支承压力开始明显增大,推进至距 4#孔应力计 10.0 m 时,钻孔应力计数值达到 6.26 MPa,由于工作面推进速度较快,仪表被拆除,后续应力未能监测,因此,将 6.26 MPa 作为超前支承压力峰值点,应力集中系数为 1.26,超前支承压力影响范围为 0～22.0 m。

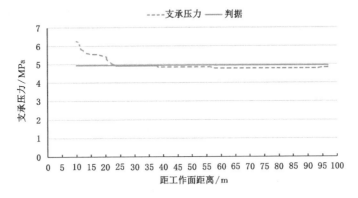

图 7-42 4#孔围岩应力值

5#孔围岩应力计数据如图 7-43 所示。钻孔应力计数值平均值为 4.5 MPa,当回采工作面向前推进至距 5#孔应力计 21.8 m 时,采动引起的超前支承压力开始明显增大,推进至距 5#孔应力计 8.0 m 时,钻孔应力计数值达到6.36 MPa,推进至距 5# 钻孔应力计 3.2 m 时,钻孔应力计数值降到 5.76 MPa,因此,将

6.36 MPa作为超前支承压力峰值点,应力集中系数为 1.41,超前支承压力影响范围为 0～21.8 m。

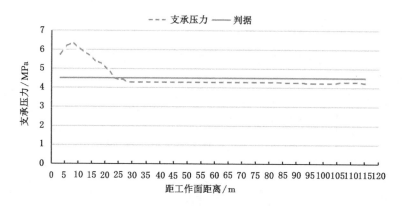

图 7-43　5#孔围岩应力值

6#孔围岩应力计数据如图 7-44 所示。钻孔应力计数值平均值为 5.33 MPa,当回采工作面向前推进至距 6#孔应力计 20.4 m 时,采动引起的超前支承压力开始明显增大,推进至距 6#孔应力计 5.0 m 时,钻孔应力计数值达到 6.57 MPa,由于工作面推进速度较快,仪表被拆除,后续应力未能监测,因此,将 6.57 MPa 作为超前支承压力峰值点,应力集中系数为 1.23,超前支承压力影响范围为 0～20.4 m。

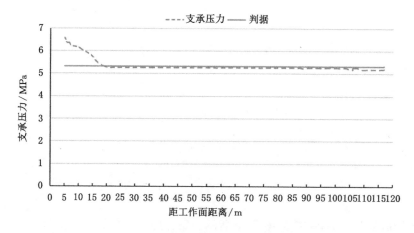

图 7-44　6#孔围岩应力值

7.4.4　分析结果

从 $2^\#$ ~ $6^\#$ 孔的数据综合分析,50205 工作面的超前支承压力影响范围在 0~23.4 m 之间,峰值点在 5.0~10.0 m 之间,应力集中系数在 1.23~1.53 之间。

7.5　50205 工作面煤层开采岩层运移规律相似材料模拟试验研究

7.5.1　相似材料模拟试验原理

相似模拟试验是以相似理论、因次分析作为依据的实验室研究方法,广泛应用于水利、采矿、地质、铁道等部门,是一种方便快捷、清楚直观的室内研究的科研手段。它通过采用与天然岩石物理力学性质相似的人工材料,安装矿山实际原型,遵循一定比例缩小做成模型,然后在模型中开挖巷道或模拟采场工作,观察模型的变形、位移、破坏和压力等情况,据以推测实际原型中所发生的情况。相似理论是连接实体实验和岩土学理论的力学理论,它作为一个桥梁通向客观实际,要使室内试验结果与客观实际接近必须满足相似三定理。

第一定理:相似的现象,其单值条件相似,相似准则的数值相同。

第一定理认为相似现象间必有如下性质:第一,相似的现象必然在几何相似的系统中进行,而且在系统中所有各相应点上,表示现象特性的各同类量间的比值为常数,即相似常数相等。第二,相似的现象服从于自然界同一种规律,所以表示现象特性的各个量之间被某种规律所约束着,它们之间存在着一定的关系。如果将这些关系表示为数学的关系式,则在相似的现象中这个关系式是相同的。也可以这样认为,自然界的现象总是服从于某一定律的,表示现象特性的各个量之间总是存在着一定关系的,利用相似的概念来表述相似现象中这些量之间所存在的一定关系,即是相似第一定理的内容。

第二定理:若有一描述某现象的方程为

$$f(a_1, a_2, \cdots, a_k, b_{k+1}, b_{k+2}, \cdots, b_n) \qquad (7\text{-}6)$$

式中:$a_1, a_2, \cdots, a_k$ 表示基本量;$b_{k+1}, b_{k+2}, \cdots, b_n$ 表示导来量,这些量具有一定的因次,且 $n > k$。因为任何物理方程中的各项量纲均是齐次的,则式(7-6)可以转换为无因次的准则方程:

$$F(\pi_1, \pi_2, \cdots, \pi_{n-k}) \qquad (7\text{-}7)$$

其准则数目为 $(n-k)$ 个。式(7-7)称为准则关系或 π 关系式,所以第二定理又称为 π 定理。

相似第二定理表明:第一,利用一个现象的全部相似准则,可以表达该现象各参数间的函数关系,或者说,凡是描述系统特性的方程,都可以转换为无量纲的准则方程。第二,相似准则有$(n-k)$项,每项准则是相互独立的,其中任一项均不能表达为其他项的线性组合。第三,在模型试验中,用现象的相似准则的关系来整理试验结果,可方便地将试验结果推广到与之相似的原型上去,在相似系统间进行推理和推广。

第三定理:当两现象的单值条件相似且由单值条件所组成的相似准则的数值相等时,这两个现象就是相似的。

相似第三定理明确规定了两个现象相似的必要的和充分的条件。考查一个新现象时,只要肯定了它的单值条件和已研究过的现象相似,而且由单值条件所组成的相似准则的数值和已经研究过的现象相等,就可以肯定这两个现象相似,因而可以把已经研究过的现象的试验结果应用到这一新现象上去,而不需要重复进行试验。

在工程实践中,要使模型和原型完全满足相似第三定理的要求是相当困难的。要使模型中所发生的情况,能如实反映原型中所发生的情况,就必须根据问题的性质,找出主要矛盾,并根据主要矛盾,去确定原型与模型之间的相似关系和相似准则,原型和模型相似必须具备下面几个条件。

(1)几何相似

要求模型与原型的几何形状相似。为此,必须将原型的尺寸,包括长、宽、高等都按一定比例缩小或放大,以做成模型。设L_H和L_M分别代表原型和模型长度(脚标 H 表示原型,脚标 M 表示模型),以α_L代表L_H和L_M的比值,称为几何相似比,则几何相似要求为α_L常数,即

$$\alpha_L = \frac{L_H}{L_M} \tag{7-8}$$

(2)运动相似

要求模型与原型中,所有各对应点的运动情况相似,即要求各对应点的速度、加速度、运动时间等都成一定比例。设t_H和t_M分别表示原型和模型中对应点完成沿几何相似的轨迹运动所需的时间,以α_t代表t_H和t_M的比值,称为时间相似比,则运动相似要求为α_t常数,即

$$\alpha_t = \frac{t_H}{t_M} \tag{7-9}$$

(3)动力相似

要求模型与原型的所有作用力都相似。在本试验中,按抓主要矛盾的观点进行分析,主要考虑重力作用,要求重力相似,原型与模型之间的容重比 α_γ 为常数即可,即

$$\alpha_\gamma = \frac{\gamma_H}{\gamma_M} \tag{7-10}$$

式中　α_γ——容重相似比;

　　　γ_H、γ_M——原型和模型的容重。

由上述三个相似比,根据各对应量所组成的物理方程式,可推得位移、应力应变等其他相似比,

$$\alpha_\sigma = \frac{\sigma_H}{\sigma_M} = \frac{C_H}{C_M} = \frac{E_H}{E_M} = \frac{\gamma_H}{\gamma_M}\alpha_L \tag{7-11}$$

$$\varphi_H = \varphi_M \tag{7-12}$$

$$\mu_H = \mu_M \tag{7-13}$$

式中　α_σ——应力比尺;

　　　σ_H,σ_M——原型和模型的应力;

　　　C_H,C_M——原型和模型的黏聚力;

　　　E_H,E_M——原型和模型的弹性模量;

　　　φ_H,φ_M——原型和模型的内摩擦角;

　　　μ_H,μ_M——原型和模型的泊松比。

7.5.2　相似材料模拟试验模型和试验方法

(1) 相似比的选取

本试验采用的相似模拟试验架尺寸为长×宽×高＝2 850 mm×300 mm×2 000 mm。依据禾草沟煤矿实体原型尺寸和试验架条件,设几何相似比为 $\alpha_L =$ 100,容重相似比 $\alpha_\gamma =1.67$,同时要求模型与实体所有各对应点的运动情况相似,通过式(7-9)计算得时间相似比 $\alpha_t =10$,通过式(7-11)计算得应力相似比 $\alpha_\sigma =$ 166.67。

(2) 相似材料配比

结合表 2-22 实测的煤层及其顶、底板岩层物理力学性质数据和 H306 钻孔各岩层岩性、厚度,对岩层厚度进行调整与组合(小于 0.37 m 的煤层整合到相邻岩层)。根据前人试验总结的相似材料配比表,选择试验相似材料的配方及配比。本试验选取砂子做骨料、石灰和石膏做胶结材料,由于石膏凝结硬化得快,当用石膏作胶结材料时,需要加缓凝剂,试验选用柠檬酸做缓凝剂。具体相似材

料配比及用量见表 7-2。

表 7-2　相似材料配比及用量

岩层信息	岩层厚度/cm	每层质量/kg	材料配比		
			砂胶比	胶结构	
				石灰	石膏
泥质粉砂岩	4.2	57.46	5∶1	0.5	0.5
细粒砂岩	11.2	150.48	4∶1	0.2	0.8
泥质粉砂岩	8.7	119.02	5∶1	0.5	0.5
中粒砂岩	3.4	46.51	6∶1	0.3	0.7
泥质粉砂岩	4.3	58.82	5∶1	0.5	0.5
粉砂岩	3.0	41.04	3∶1	0.3	0.7
泥质粉砂岩	5.8	79.34	5∶1	0.5	0.5
中粒砂岩	14.7	201.1	6∶1	0.3	0.7
泥质粉砂岩	9.1	124.49	5∶1	0.5	0.5
中粒砂岩	2.1	28.73	6∶1	0.3	0.7
粉砂质泥岩	5.5	75.24	4∶1	0.3	0.7
中粒砂岩	14.5	198.36	6∶1	0.3	0.7
细粒砂岩	5.6	76.61	4∶1	0.2	0.8
油页岩	13.8	188.78	5∶1	0.3	0.7
泥质粉砂岩	0.9	12.31	5∶1	0.5	0.5
5#煤	2.2	30.1	7∶1	0.7	0.3
泥质粉砂岩	3.6	49.25	5∶1	0.5	0.5
粉砂岩	4.8	65.66	3∶1	0.3	0.7
中粒砂岩	5.8	79.34	6∶1	0.3	0.7
泥质粉砂岩	6.3	86.18	5∶1	0.5	0.5
泥质粉砂岩	3.6	49.25	5∶1	0.5	0.5
细粒砂岩	1.5	20.52	4∶1	0.2	0.8
泥质粉砂岩	5.5	75.24	5∶1	0.5	0.5
中粒砂岩	8.7	119.02	6∶1	0.3	0.7
粉砂质泥岩	3.0	41.04	4∶1	0.3	0.7
细粒砂岩	4.2	57.46	4∶1	0.2	0.8
泥质粉砂岩	3.2	43.78	5∶1	0.5	0.5

（3）监测点布置

为获得 5# 煤层开采过程中岩层的运移规律和采动应力分布特征，在岩层中埋置应力盒并设置位移观测点。

模型布置 30 个应力盒，为监测更多信息，将应力盒分层交错地埋入岩层中，如图 7-45 所示。考虑到边界效应的影响，模型两边均留出一定距离，应力盒横向间距为 30 cm 或 35 cm。本试验使用了 YJZA 智能数字静态电阻应变仪采集数据，全程监测开采过程中岩层的应力变化，同时与计算机相连将数据传出保存，以便于分析调用。

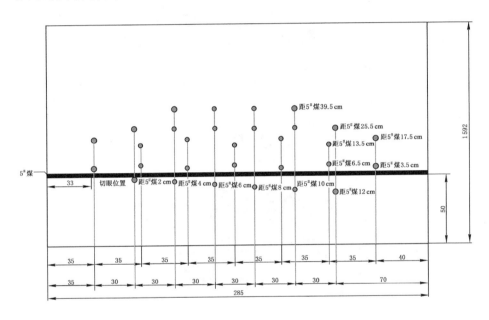

图 7-45　应力盒布置图

为观测开采过程中岩层的运移规律，在模型表面设置位移观测点，如图 7-46 所示。图中圆形白点即为位移观测点，模型布置有 297 个 100 mm×100 mm 网格（11 行 27 列），共有 336 个位移观测点。位移监测采用 XJTUDP 三维光学摄影测量系统，为便携式三坐标工业测量系统。如图 7-47 所示，采用普通高分辨率单反相机（非量测相机），通过多幅二维照片，计算被观测物体表面关键点三维坐标，采用编码点技术实现自动化测量，用于对中型、大型（几米到几十米）物体的关键点进行三维测量。与传统三坐标测量仪相比，XJTUDP 三维光学摄影测量系统没有机械行程限制，不受被测物体的大小、体积、外形的限制，能够有效减少累积误差、提高整体三维数据的测量精度，并且没有烦琐的移站问题，可以全方位方便地测量大型物体。

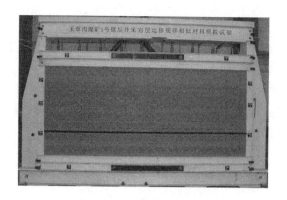

图 7-46　位移观测点布置图

图 7-47　XJTUDP 三维光学摄影测量系统

（4）试验流程

配料：按表 7-2 中已计算好的各分层材料质量，将砂子、石灰、石膏及水称量好，水中加入缓凝剂，并搅拌均匀使其无沉淀。其中，模拟煤层配料时，水中需加入墨汁，使其变黑。每层装模工序快要完成或已经完成后再进行拌料，同时为了防止加入水后材料凝块，需要将干料搅拌均匀后再加入含缓凝剂的水迅速搅拌。

装模：首先在试验架上安装一层模板，材料拌匀后立即倒入模板内，摊匀并用平铲抹平，然后迅速夯筑严实，压实抹平后的岩层厚度与设计厚度基本吻合，以保持所要求的容重。为防止凝固，难以压实，每一分层的制作最好在 15～

20 min内完成。待每一分层制作完成,需要撒一层均匀的云母细片作为层面隔离物,并在指定层埋置应力盒。筑满一层后再安装下一层模板,直至堆砌至指定高度,如图 7-48 所示。

图 7-48　相似模拟试验模型制作

晾干:通常情况下在制模后 3 天开始拆模板,拆模后干燥一周左右。待含水率降至符合要求后,设观测点,调试仪器设备,实行加重。本试验采用杠杆加载的方式,通过控制重物的质量来调节加压量,如图 7-49 所示。模型顶部埋深为 392 m,依据模型相似比以及重物距杠杆支点的间距进行计算,悬挂相应质量的重物进行加载。

图 7-49　相似模拟试验模型加载

开挖:根据 50205 工作面日进度为 9.6 m,按照前述尺寸相似比和时间相似比计算,本试验中 5# 煤 60 min 推进 4 cm。

7.5.3 50205 工作面开采试验结果分析

50205 工作面距模型左端 35 m 处开切眼，工作面自开切眼起推进 20 m 时，上方 4 m 处出现裂隙，推进 29 m 时发生初次垮落，煤层上方 1.5 m 高岩层垮落，上方 4 m 处出现离层，初次来压步距为 29 m，初次垮落情况如图 7-50 所示。顶板采空区顶板位移情况如图 7-51 所示。

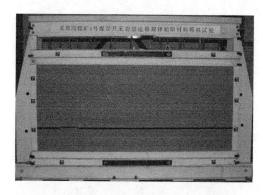

(a) 50205 工作面推进 29 m 模型状态

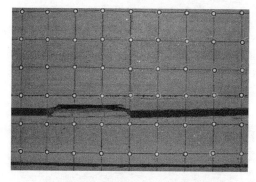

(b) 50205 工作面推进 29 m 模型局部放大

图 7-50　50205 工作面推进 29 m

对 $5^#$ 煤层顶底板应力监测数据进行整理，如图 7-52 所示，图中横坐标为 0 处即为 $5^#$ 煤层切眼所在位置。当前工作面距切眼 29 m，在工作面前方和切眼后方应力集中现象较为显著，采空区为卸压区。切眼后方顶板支承压力集中系数为 1.74，而底板接近原岩应力。工作面前方顶板支承压力较大，顶板 13.5～17.5 m 处支承压力集中系数为 2.25，大于顶板 3.5～6.5 m 处支承压力集中系数为 1.64。

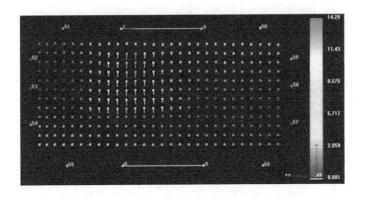

图 7-51　50205 工作面推进 29 m 位移云图

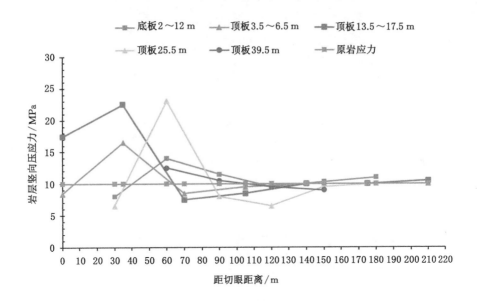

图 7-52　50205 工作面推进 29 m 应力分布

　　工作面推进 43 m 时,5#煤顶板发生垮落,对应的第一次周期来压步距为 14 m,如图 7-53 所示。采空区两端出现显著的竖向裂隙,5#煤顶板 15.5 m 处出现显著离层。顶板采空区顶板位移情况如图 7-54 所示。

　　如图 7-55 所示,切眼后方顶板支承压力集中系数为 1.78,工作面前方顶板支承压力较大,顶板 13.5～17.5 m 处支承压力集中系数为 2.15,大于顶板 3.5～6.5 m 处支承压力集中系数为 1.35。

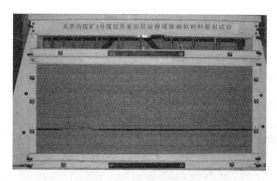

(a) 50205工作面推进43 m模型状态

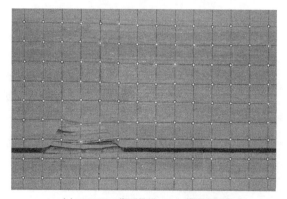

(b) 50205工作面推进43 m模型局部放大

图 7-53　50205 工作面推进 43 m

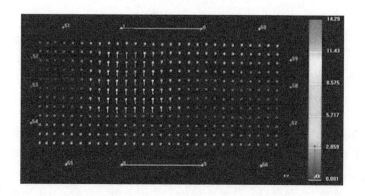

图 7-54　50205 工作面推进 43 m 位移云图

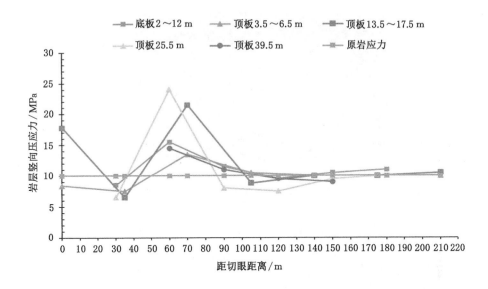

图 7-55　50205 工作面推进 43 m 应力分布

　　工作面推进 54 m 时,5# 煤顶板发生垮落,对应的第二次周期来压步距为
11 m,如图 7-56 所示。5# 煤顶板 26.5 m 处出现显著离层。顶板采空区顶板位
移情况如图 7-57 所示。

(a) 50205 工作面推进 54 m 模型状态

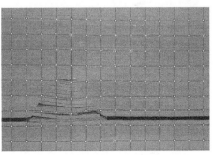

(b) 50205 工作面推进 54 m 模型局部放大

图 7-56　50205 工作面推进 54 m

　　如图 7-58 所示,切眼后方顶板支承压力集中系数为 1.8,工作面前方顶板支
承压力较大,顶板 13.5～17.5 m 处支承压力集中系数为 2.24,大于顶板 3.5～
6.5 m 处支承压力集中系数为 1.38。

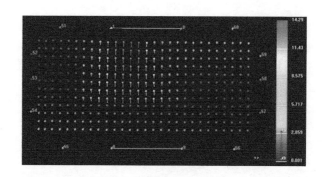

图 7-57　50205 工作面推进 54 m 位移云图

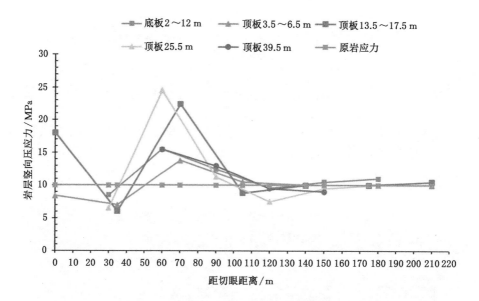

图 7-58　50205 工作面推进 54 m 应力分布

　　工作面推进 84 m 时,$5^{\#}$ 煤顶板发生垮落,对应的第四次周期来压步距为 16 m。如图 7-59 所示,$5^{\#}$ 煤顶板 26.5 m 处出现显著离层。

　　如图 7-60 所示,切眼后方顶板支承压力集中系数为 1.85,工作面前方顶板 25.5 m 处支承压力集中系数达到了 2.18,而工作面前方顶板 3.5～6.5 m 处支承压力集中系数达到 1.35,工作面前方顶板 13.5～17.5 m 处支承压力达到 1.88。

　　随着工作面的不断推进,在采空区两端出现的竖向裂隙逐渐向上发育,使上覆岩层再次周期性地呈"离层-下沉-离层闭合-压实"的现象。此外,在模型中部位置,$5^{\#}$ 煤顶板受上煤层开采扰动破坏较严重,出现随采随冒现象,工作面推进108 m,发

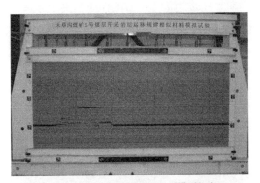

(a) 50205 工作面推进 84 m 模型状态

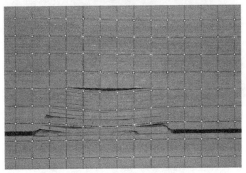

(b) 50205 工作面推进 84 m 模型局部放大

图 7-59   5#煤工作面推进 84 m

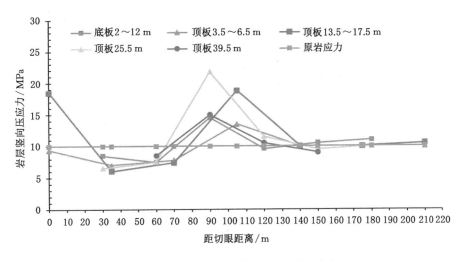

图 7-60   50205 工作面推进 84 m 应力分布

生第六次周期来压,周期来压步距为 13 m,工作面推进 128 m 时,发生第七次周期来压,周期来压步距为 20 m,离层发育至顶板 36 m 处,垮落情况如图 7-61 和图 7-62 所示。此时 5[#] 煤顶板 36 m 范围内竖向裂隙及离层均发育较显著。

(a) 50205 工作面推进 108 m 模型状态

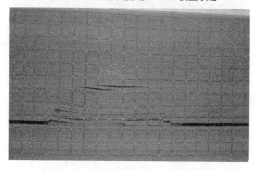

(b) 50205 工作面推进 108 m 模型局部放大

图 7-61　50205 工作面推进 108 m

(a) 50205 工作面推进 128 m 模型状态

图 7-62　50205 工作面推进 128 m

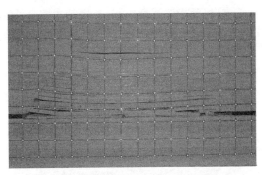

(b) 50205工作面推进128 m模型局部放大

图 7-62(续)

当工作面推进164 m时,上覆岩层发生整体下沉,发生第十次周期垮落,周期来压步距为12 m,垮落情况见图7-63。采空区两端边界裂隙宽度进一步增大并贯穿至模型顶部,采空区靠近切眼位置顶板下沉量较大,靠近工作面一侧顶板下沉量相对较小。

(a) 50205工作面推进164 m模型状态

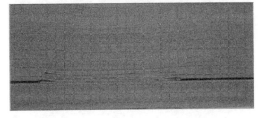

(b) 50205工作面推进164 m模型局部放大

图 7-63 50205工作面推进164 m

工作面继续向前推进,垮落岩体逐渐压实,离层基本闭合,随推进距离的增大变化并不显著,但靠近工作面后方岩体仍然出现"离层-下沉-离层闭合-压实"的规律。50205工作面推进196 m时,发生第十二次周期来压,周期来压步距为15 m;工作面推进212 m时,发生第十三次周期来压,周期来压步距为16 m,且在工作面上方生成新的竖向裂隙,并贯穿至模型顶部,覆岩垮落情况如图7-64和图7-65所示。

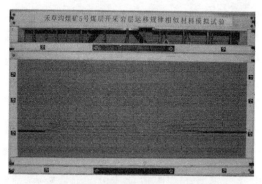

(a) 50205工作面推进196 m模型状态

(b) 50205工作面推进196 m模型局部放大

图7-64　50205工作面推进196 m

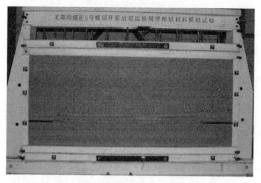

(a) 50205工作面推进212 m模型状态

图7-65　50205工作面推进212 m

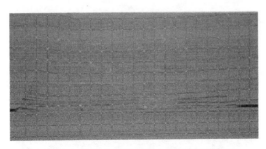

(b) 50205工作面推进 212 m 模型局部放大

图 7-65(续)

工作面推进 228 m 时,由于模型尺寸有限,50205 工作面开采结束,如图 7-66(a)所示,垮落情况较上一次周期来压并无显著变化。图 7-66(b)和图 7-66(c)分别为开切眼处和工作面前方局部放大图,可以看出采动裂隙已完全贯通至模型顶部。开切眼处垮落角约为 70°,工作面前方垮落角约为 65°。5#煤开采结束覆岩下沉量如图 7-67 所示,采空区靠近切眼方向上覆岩体下沉量相对较大,工作面后方采空小范围内上覆岩体下沉量相对较小,表明采空区上覆岩体是沿推进方向逐渐向前被压实。

图 7-68 中 50205 工作面开采结束时的应力分布曲线表明,切眼后方支承压力集中系数为 1.95,比前几次来压相对增高。采空区中部支承压力虽然离散性较大,但总体上沿工作面推进方向呈先上升后下降的趋势,应力峰值出现在采空区中部,最大支承压力集中系数达到了 1.78,再次证明了垮落岩体沿工作面推进方向逐步向前被压实的现象。

7.5.4　分析结果总结

通过相似材料模拟试验,50205 工作面初次来压步距为 29 m,试验过程中共发生十四次周期来压,周期来压步距依次为 11～20 m,初次来压步距和周期来压步距与理论计算结果也基本一致。从支承压力来看,50205 工作面前方支承压力离散性不大,最大支承压力集中系数为 2.45。

50205 工作面推进 29 m 时,顶板 1.5 m 处岩体垮落,顶板 4 m 处出现离层,推进 43 m 时顶板垮落,顶板 15.5 m 处出现离层。当工作面推进 128 m 时,离层最大发育至 5#煤顶板 36 m 处。

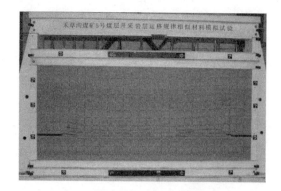

(a) 50205工作面推进228 m模型状态

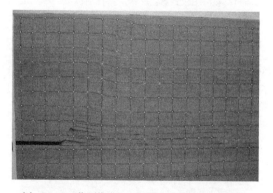

(b) 50205工作面推进228 m开切眼处模型局部放大

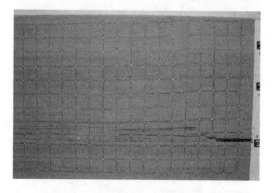

(c) 50205工作面推进228 m工作面前方局部放大

图 7-66   50205工作面推进228 m

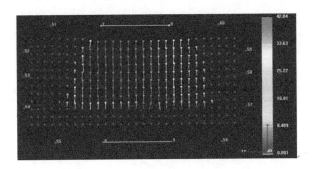

图 7-67 50205 工作面推进 228 m

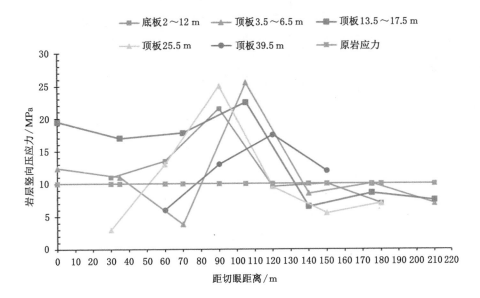

图 7-68 50205 工作面推进 228 m 应力分布

8 禾草沟煤矿工作面支护体系分析

在工作面的回采过程中,液压支架是支护与控制顶板的重要设备,是整套综采设备的核心,是实现综合机械化和高效率自动化采煤的必要设备。工作面支架能够有效支护顶板,减少顶板冒落,保证工作人员的生命安全,有利于保障各项作业的顺利正常进行,因此,研究工作面矿压显现规律和选择合适的能够适应地质条件和煤矿生产要求的液压支架非常重要。

8.1 50205 综采工作面矿压显现规律研究

8.1.1 50205 工作面概况

(1) 50205 工作面的基本情况

50205 工作面采 5# 煤层,对应地面标高 1 249.0～1 407.0 m,煤层底板标高＋1 005 m～＋1 025 m,走向长度 3 749.3 m,倾斜长度 300 m,面积 112.48 万 m²,工作面布置如图 8-1 所示。工作面局部位于王庄下方,东部到冲刷带,南部距三皇庙 443.5 m,西部距安家咀 1 607.4 m,北部临近庄科坪距菩萨像 112.9 m。工作面西部为南翼三条大巷煤柱,北部为 50203 工作面(未开采),南部为未开采区段,东部为冲刷带煤柱。50205 工作面对应地面多为山地,无大的建(构)筑物。回风巷局部位于王庄下方(已搬迁),北部临近庄科坪,回采时对庄科坪无影响。

(2) 煤层赋存情况

开采 5# 煤层,平均可采厚度 2.28 m,煤层倾角 0～3°,煤层硬度 2～5,煤种为气煤,本区域煤层为一结构简单的稳定型中厚煤层,煤层厚度稳定,结构简单,普遍含六层夹矸。煤层结构:0.48(0.02)0.22(0.06)0.17(0.08)0.19(0.07)0.31(0.03)0.17(0.05)0.43 m,夹矸以泥质粉砂岩为主。

(3) 煤层顶底板特征(表 8-1)

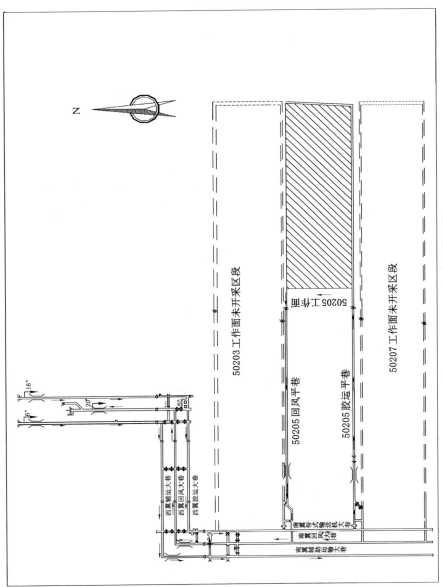

图 8-1 50205 工作面布置示意图

表 8-1　煤层顶底板特征

顶底板		岩石名称	厚度/m	岩性特征
煤层顶底板情况	基本顶	细粒砂岩	16.60	灰白色,中层厚状。断口成平坦状,局部参差状,断面可见个别暗色矿物及少量丝炭,岩石成分以石英为主,长石次之,云母少量,中部夹有泥质粉砂岩薄层,发育水平层理
	直接顶	油页岩	11.17	灰黑色,薄层状,水平层理。泥质胶结,易风化,风化后成薄片状。垂直节理发育,性脆,置于火中冒黑烟,个别裂隙被白色钙质薄膜充填。条痕黑褐色,中间夹浅灰色铝土质泥岩薄层,质软,遇水易变软,易风化破碎(参考钻孔 H302~H307)
		煤	0.34	黑色,块状,半亮型煤,条痕褐黑色,沥青光泽,参差状、阶梯状断口。煤岩组分以亮煤为主,暗煤次之,少量镜煤及丝炭,节理及裂隙较发育,被白色钙质薄膜及黄铁矿结核充填,性脆,煤质较硬
		泥质粉砂岩	0.98	深灰黑色,薄层状,发育水平层理。层面平坦,见少量植物化石碎屑和炭屑。泥质胶结,致密,易风化破碎
	煤层	5#煤	2.28	黑色,块状,半亮型煤,条痕褐黑色,沥青光泽,参差状、阶梯状断口。煤岩组分以亮煤为主,暗煤次之,少量镜煤及丝炭,节理及裂隙较发育,被白色钙质薄膜及黄铁矿结核充填,性脆,煤质较硬。煤层结构:0.48(0.02)0.22(0.06)0.17(0.08)0.19(0.07)0.31(0.03)0.17(0.05)0.43,夹矸以泥质粉砂岩为主,灰质泥岩次之
	直接底	泥质粉砂岩	9.41	深灰黑色,薄层状,发育水平层理。层面平坦,见少量植物化石碎屑和炭屑。泥质胶结,致密,易风化破碎
	基本底	中粒砂岩	14.9	灰白色,层厚状,层理不显。岩石成分以石英为主,长石次之,断面见少量暗色矿物及云母碎屑。分选性中等,参差状断口,磨圆次棱角状,致密,坚硬。岩芯表面见少量黑色细纹,向下粒度逐渐变粗

8.1.2　50205 工作面顶板来压步距计算

（1）顶板初次来压步距计算

根据禾草沟矿井 50205 采煤工作面的地质条件,假设采动工作面上覆岩层仅存在主关键层,则采动工作面上覆岩层的破裂力学模型如图 8-2 所示。

随着工作面不断向前推进,上覆岩层不断向采空区垮落,冒落的矸石在自重作用下逐渐堆积在采空区被不断压实,煤层顶板逐渐被约束,可简化为固支梁,根据简支梁计算方法,则梁中任意一点的主应力为:

$$\sigma = \frac{My}{J_z} \tag{8-1}$$

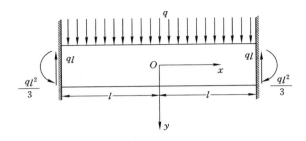

图 8-2　固支梁应力模型

式中　M——该点在端面的弯矩；

y——该点距中性轴的长度；

J_z——中性轴的断面距。

假设 J_z 为梁的单位宽度，则 $J_z=\dfrac{1}{12}h^3$，把 J_z 代入公式(8-1)，得出任一点

的正应力为 $\sigma=\dfrac{12My}{h^3}$，根据弹塑性力学方法求得该点的剪应力为：

$$(\tau_{xy})_{\max}=\tau_{xy}\mid_{y=0}=\frac{3}{2}F_s\left(\frac{h^2-4y^2}{h^3}\right)\mid_{y=0}=\frac{3F_s}{2h} \tag{8-2}$$

煤层顶板简化为固支梁，由力学理论可求得梁的两端是弯矩达到最大的地方；根据材料力学知识可求得最大弯矩和最大拉应力为

$$M_{\max}=-\frac{1}{12}qL^2 \quad \sigma_{\max}=\frac{qL^2}{2h^2} \tag{8-3}$$

同时根据弹塑性力学求解方法可求出其相应分量为：

$$\begin{cases} \sigma_x=\dfrac{x^2}{2}(6Ay+2B)+x(6Ey+2F)-2Ay^3-2By^3+6Hy+2K \\ \sigma_y=Ay^3+By^2+Cy+D \\ \tau_{xy}=-x(3Ay^2+2By+C)-3Ey^2-2Fy-G \end{cases}$$

$$\tag{8-4}$$

根据简支梁模型特征可知，应力分布关于 y 轴对称，因此得出 $E=F=G=0$。根据固支梁模型特征，对其上下边界设定为：

$$\sigma_x\mid_{y=\frac{h}{2}}=0,\sigma_y\mid_{y=\frac{h}{2}}=-q,\sigma_{xy}\mid_{y=\pm\frac{h}{2}}=0 \tag{8-5}$$

把边界条件代入式(8-3)可得：

$$A=-\frac{2q}{h^3},B=0,C=\frac{3q}{2h},D=-\frac{q}{2} \tag{8-6}$$

把求得的 A、B、C、D 代入式(8-4)中得：

$$\begin{cases} \sigma_x = -\dfrac{6q}{h^3}x^2y + \dfrac{4q}{h^3}y^3 + 6Hy + 2K \\[3mm] \sigma_y = -\dfrac{2q}{h^3}y^3 + \dfrac{3q}{2h}y - \dfrac{q}{2} \\[3mm] \tau_{xy} = -\dfrac{6q}{h^3}xy^2 - \dfrac{3q}{2h}x \end{cases} \quad (8\text{-}7)$$

根据固支梁模型特征,对其左右边界设定为:

$$\int_{-\frac{h}{2}}^{\frac{h}{2}} \sigma_x \mid_{x=-l} \mathrm{d}y = 0, \int_{-\frac{h}{2}}^{\frac{h}{2}} \sigma_x \mid_{x=-l} y\,\mathrm{d}y = -\frac{ql^2}{3}, \int_{-\frac{h}{2}}^{\frac{h}{2}} \tau_{xy} \mid_{x=-l} \mathrm{d}y = ql$$

$$\int_{-\frac{h}{2}}^{\frac{h}{2}} \sigma_x \mid_{x=l} \mathrm{d}y = 0, \int_{-\frac{h}{2}}^{\frac{h}{2}} \sigma_x \mid_{x=l} y\,\mathrm{d}y = -\frac{ql^2}{3}, \int_{-\frac{h}{2}}^{\frac{h}{2}} \tau_{xy} \mid_{x=l} \mathrm{d}y = -ql \quad (8\text{-}8)$$

把边界条件代入式(8-6)可得:

$$H = \frac{ql^2}{3h^3} - \frac{q}{10h}, K = 0 \quad (8\text{-}9)$$

把求得的 H、K 的值代入式(8-7)得:

$$\begin{cases} \sigma_x = -\dfrac{6q}{h^3}x^2y + \dfrac{4q}{h^3}y^3 + \left(\dfrac{2ql^2}{h^3} - \dfrac{3q}{5h}\right)y \\[3mm] \sigma_y = -\dfrac{2q}{h^3}y^3 + \dfrac{3q}{2h}y - \dfrac{q}{2} \\[3mm] \tau_{xy} = -\dfrac{6q}{h^3}xy^2 - \dfrac{3q}{2h}x \end{cases} \quad (8\text{-}10)$$

根据简支梁模型特征应力分布关于 y 轴对称,则剪应力在 $h/2$ 时为零,则在该点时第一主应力达到最大值,即

$$\sigma_{1\max} = \sigma_x \mid_{(0,h/2)} = \frac{q}{5} + \frac{ql^2}{h^2} \quad (8\text{-}11)$$

同样根据简支梁应力关于 y 轴对称这一特点,剪应力的最大值在固支梁截面中心位置,则:

$$\mid \tau_{\max} \mid = \tau_{xy} \mid_{(l,0)} = \frac{3ql}{2h} \quad (8\text{-}12)$$

因此,可求得顶板不发生垮落的最大距离:

$$\sigma_{1\max} = \sigma_x \mid_{0}^{h/2} = \frac{q}{5} + \frac{ql^2}{h^2} \leqslant [\sigma], 即 L \leqslant \sqrt{\frac{[\sigma]}{q} - \frac{1}{5}} \quad (8\text{-}13)$$

顶板发生垮落时的安全系数假设为 n,因此可求得顶板不发生垮落的最大安全距离:

$$L_s \leqslant 2h\sqrt{\frac{[\sigma]}{nq} - \frac{1}{5}} \quad (8\text{-}14)$$

式中 σ——$4^{\#}$煤层基本顶抗拉强度,细粒砂岩同岩性类比取 7.0 MPa;

h——$5^{\#}$煤层基本顶岩层厚度,16.6 m;

q——上覆岩层载荷,垂深取最大值 400 m,计算荷载得 10 MPa。

根据禾草沟煤矿 50205 采煤工作面的地质条件,安全系数一般在 $n=1.2\sim$ 1.5。顶板所受荷载即为上覆岩层自重应力,由此可知顶板不发生垮落的最大距离:

$$L_s \leqslant 2 \times 16.6 \times \sqrt{\frac{7.0}{1.25 \times 10} - \frac{1}{5}} = 19.92 \text{(m)} \tag{8-15}$$

顶板不发生垮落的最大距离也就是基本顶初次来压距离为 19.92 m。

(2)顶板周期来压步距计算

顶板初次来压之后,随着工作面不断向前推进,顶板会再次出现垮落现象,即出现周期来压。此时顶板一端悬空,可看作悬臂梁模型,根据"悬臂梁"理论,对顶板岩梁进行受力分析,悬臂梁应力模型如图 8-3 所示。

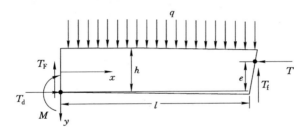

图 8-3 悬臂梁应力模型

利用弹塑性力学方法对顶板岩梁进行受力平衡分析可知:

$$\begin{cases} \sum F_x = 0 : T_d - T = 0 \\ \sum F_y = 0 : ql - T_F - T_f = 0 \\ \sum F_x = 0 : \dfrac{1}{2}ql^2 + M - T_f l - Te = 0 \end{cases} \tag{8-16}$$

根据悬臂梁特点,可知自由端边界条件:

$$\sigma_y \mid_{y=\frac{h}{2}} = 0, \sigma_y \mid_{y=-\frac{h}{2}} = -q, \tau_{xy} \mid_{y=\frac{h}{2}} = 0, \tau_{xy} \mid_{y=-\frac{h}{2}} = 0 \tag{8-17}$$

把边界条件代入式(8-3),可求得:

$$A = -\frac{2q}{h^3}, B = 0, C = \frac{3q}{2}, D = -\frac{q}{2}, F = 0 \tag{8-18}$$

把求得参数代入式(8-4)可得:

$$\begin{cases} \sigma_x = -\dfrac{6q}{h^3}x^2y + x(6Ey+2F) + \dfrac{4q}{h^3}y^3 + 6Hy + 2K \\[3mm] \sigma_y = -\dfrac{2q}{h^3}y^3 + \dfrac{3q}{2h}y - \dfrac{q}{2} \\[3mm] \tau_{xy} = \dfrac{6q}{h^3}xy^2 - \dfrac{3q}{2h}x - 3Ey^2 - G \end{cases} \tag{8-19}$$

根据悬臂梁特点,可知固定端边界条件:

$$\int_{-\frac{h}{2}}^{\frac{h}{2}} \sigma_x \mid_{x=0} \mathrm{d}y = -T_\mathrm{d}, \int_{-\frac{h}{2}}^{\frac{h}{2}} \sigma_x \mid_{x=0} \left(\dfrac{h}{2}-y\right)\mathrm{d}y = -M, \int_{-\frac{h}{2}}^{\frac{h}{2}} \tau_{xy} \mid_{x=0} \mathrm{d}y = T_\mathrm{F}$$

$$\tag{8-20}$$

把边界条件代入式(8-19),可求得:

$$E = \dfrac{2T_\mathrm{F}}{h^3}, \quad H = \dfrac{2M}{h^3} - \dfrac{T}{h^2} - \dfrac{q}{10h}, \quad K = -\dfrac{T}{2h} \tag{8-21}$$

把求得的参数代入式(8-19),根据条件可设 $T_\mathrm{f}=0$,则 $T_\mathrm{F}=ql$,代入后可得:

$$\begin{cases} \sigma_x = -\dfrac{6q}{h^3}x^2y + \dfrac{12T_\mathrm{F}}{h^3}xy + \dfrac{4q}{h^3}y^3 + \left(\dfrac{12Te-6ql^2}{h^3} - \dfrac{6T}{h^2} - \dfrac{3q}{5h}\right)y - \dfrac{T}{h} \\[3mm] \sigma_y = -\dfrac{2q}{h^3}y^3 + \dfrac{3q}{2h}y - \dfrac{q}{2} \\[3mm] \tau_{xy} = \dfrac{6q}{h^3}xy^2 - \dfrac{3q}{2h}x - \dfrac{6ql}{h^3}y^2 + \dfrac{3ql}{2h} \end{cases}$$

$$\tag{8-22}$$

由此可知顶板第二次不发生垮落的最大安全距离:

$$-\dfrac{q}{2} - \left(\dfrac{6Te}{h^2} - \dfrac{3ql^2}{h^2} - \dfrac{3T}{h} - \dfrac{3q}{10}\right) - \dfrac{T}{h} \leqslant [\sigma]$$

即:

$$l \leqslant \sqrt{\dfrac{5h^2[\sigma] + qh^2 + 30Te - 10Th}{15q}} \tag{8-23}$$

而实际情况为煤层在推进过程中,垮落的矸石与顶板岩层之间水平力忽略不计,即 $T=0$。因此可求得顶板第二次不发生垮落的最大安全距离:

$$l \leqslant \sqrt{\dfrac{5h^2[\sigma] + qh^2}{15q}} = 9.58 \ (\mathrm{m}) \tag{8-24}$$

由此可知,顶板周期来压距离为 9.58 m。

因此,根据理论计算,得出禾草沟 50205 采煤工作面基本顶初次来压大约在 19.92 m 处发生,周期来压会在大约 9.58 m 处发生。

8.1.3 50205 工作面矿压观测与分析

（1）观测目的

采煤工作面矿山压力观测就是定量研究开采过程中矿压显现规律。为现场管理提供完善的资料，指导工程实践，解决工程问题，本次观测有以下三个方面的目的：

① 掌握采煤工作面上覆岩层移动规律；掌握回采空间围岩与支架相互作用的关系；掌握采动引起的支撑压力分布；寻求搞好工作面顶板管理的有效措施。

② 对正在使用的支架适应性进行考察。即从顶板控制出发，对在既定条件下使用支架的架型、参数、特性和支护效果提出评定性意见。

③ 根据围岩条件及支撑压力分布来确定工作面巷道断面形状、规格及支架参数，掌握煤壁前方巷道超前维护距离。

（2）观测工作面自然状况

50205 工作面北部为 50203 工作面未开采区，南部为 50207 工作面未采区，西部为南翼三条大巷，东部为冲刷带剥蚀区。所采煤层为 5# 煤，直接顶为油页岩，基本顶为细粒砂岩。目前所采埋深为 270～380 m，煤层厚度为 1.94～2.11 m，煤层倾角为 1°～3°，无断层及地质构造，水文条件简单。该工作面为综采工作面，工作面切眼长为 300.7 m，选用掩护式手动控制液压支架共计 175 架。其中：机头选用 4 架北煤 ZYT6800/16/33 型液压端头支架、1 架北煤 ZYG6800/15/30 型过渡支架，机尾选用 3 架北煤 ZYT6800/16/33 型液压端头支架、1 架北煤 ZYG6800/15/30 型液压支架，中间基本支架选用 166 架北煤 ZY6800/15/30 型液压支架，该支架初撑力为 5 066 kN，支架工作阻力为 8 600 kN，支架宽度为 1 750 mm，移架步距为 800 mm。工作面采用自然垮落法管理顶板。

（3）主要观测内容

根据禾草沟煤业 50205 工作面的具体情况，并考虑到观测的可行性和针对性，决定本次矿压观测的主要内容如下：

① 工作面支架支护载荷的观测。通过支架支护载荷的观测可以确定顶板压力的大小及其动压系数、周期来压步距。

② 基于观测结果、通过分析，对工作面有关矿压显现规律进行研究。

（4）矿压观测手段及其测点布置

工作面支架支护载荷的观测是采煤工作面矿压观测的重要部分，其观测结果是确定顶板来压特征的重要依据，包括基本顶周期来压特征及来压强度，其目的在于掌握所观测工作面的围岩运动规律，为顶板分类、支架选型、确定顶板控制措施提供可靠依据。

本次观测共布置 5 个测区，工作面上部（15#、16#、17# 支架），工作面中上部（50#、51#、52# 支架），工作面中部（85#、86#、87# 支架），工作面中下部（120#、121#、122# 支架），工作面下部（155#、156#、157# 支架），支架载荷的测定由压力表自行读数，人工进行记录。观测支架布置点如图 8-4 所示。

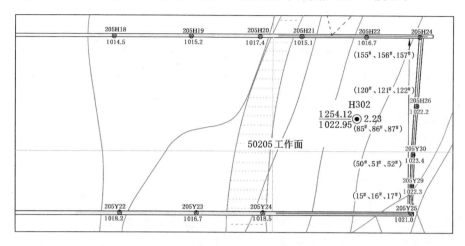

图 8-4　观测支架布置点图

（5）矿压观测结果与分析

（15#、16#、17#）、（50#、51#、52#）、（85#、86#、87#）、（120#、121#、122#）、（155#、156#、157#）支架平均工作阻力与距切眼距离变化曲线如图 8-5 至图 8-9 所示。

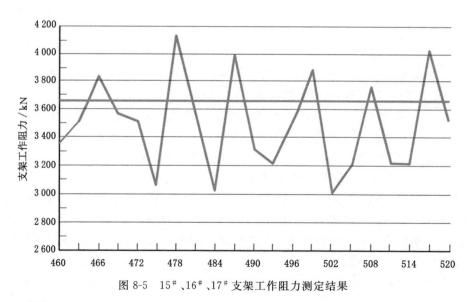

图 8-5　15#、16#、17# 支架工作阻力测定结果

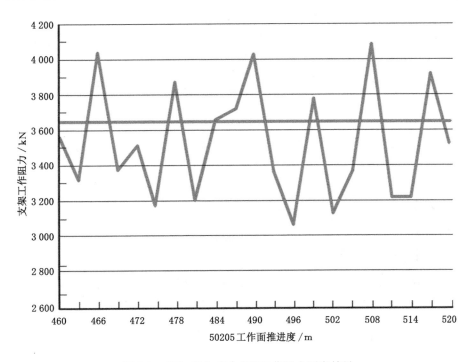

图 8-6 50#、51#、52# 支架工作阻力测定结果

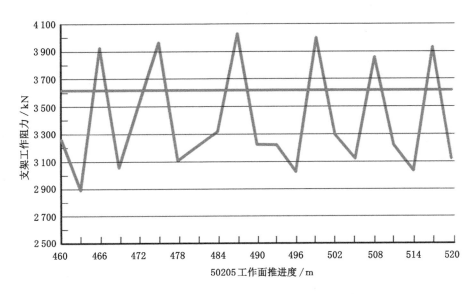

图 8-7 85#、86#、87# 支架工作阻力测定结果

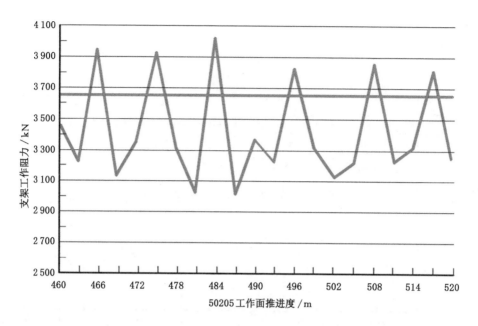

图 8-8　120#、121#、122# 支架工作阻力测定结果

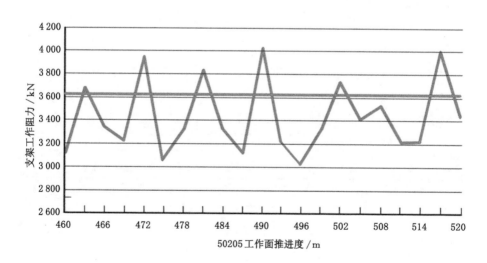

图 8-9　155#、156#、157# 支架工作阻力测定结果

15#、16#、17# 支架:

工作阻力均值:$P'_{cp}=3\ 498.14$ kN

工作阻力最大值:$P'_{max}=4\ 121.97$ kN

来压判据公式可得：$P_{cp} = P'_{cp} + \sigma_p = 3\ 665.34$ kN

式中　σ_p——压力均方差。

$50^{\#}$、$51^{\#}$、$52^{\#}$ 支架：

工作阻力均值：$P'_{cp} = 3\ 527.81$ kN

工作阻力最大值：$P'_{max} = 4\ 085.75$ kN

来压判据公式可得：$P_{cp} = P'_{cp} + \sigma_p = 3\ 652.5$ kN

$85^{\#}$、$86^{\#}$、$87^{\#}$ 支架：

工作阻力均值：$P'_{cp} = 3\ 393.9$ kN

工作阻力最大值：$P'_{max} = 3\ 996.3$ kN

来压判据公式可得：$P_{cp} = P'_{cp} + \sigma_p = 3\ 613.67$ kN

$120^{\#}$、$121^{\#}$、$122^{\#}$ 支架：

工作阻力均值：$P'_{cp} = 3\ 427.19$ kN

工作阻力最大值：$P'_{max} = 4\ 021$ kN

来压判据公式可得：$P_{cp} = P'_{cp} + \sigma_p = 3\ 655.7$ kN

$155^{\#}$、$156^{\#}$、$157^{\#}$ 支架：

工作阻力均值：$P'_{cp} = 3\ 431.76$ kN

工作阻力最大值：$P'_{max} = 3\ 996.5$ kN

来压判据公式可得：$P_{cp} = P'_{cp} + \sigma_p = 3\ 631.26$ kN

根据井下实测数据可得 50205 工作面基本顶周期来压步距分析结果，见表 8-2 至表 8-6。

表 8-2　$15^{\#}$、$16^{\#}$、$17^{\#}$ 支架周期来压步距分析结果

测架	第1次来压步距/m	第2次来压步距/m	第3次来压步距/m	第4次来压步距/m	第5次来压步距/m	平均步距/m
$15^{\#}$、$16^{\#}$、$17^{\#}$	13.3	10.2	12.4	9.3	8.8	10.8
推进度/m	464.2	477.5	487.7	500.1	509.4	518.2

表 8-3　$50^{\#}$、$51^{\#}$、$52^{\#}$ 支架周期来压步距分析结果

测架	第1次来压步距/m	第2次来压步距/m	第3次来压步距/m	第4次来压步距/m	第5次来压步距/m	平均步距/m
$50^{\#}$、$51^{\#}$、$52^{\#}$	13.7	12.8	9.3	8.4	9.4	10.72
推进度/m	464.8	478.5	491.3	500.6	509.0	518.4

表 8-4　85#、86#、87# 支架周期来压步距分析结果

测架	第 1 次来压步距/m	第 2 次来压步距/m	第 3 次来压步距/m	第 4 次来压步距/m	第 5 次来压步距/m	平均步距/m
85#、86#、87#	10.3	13.7	9.4	11.8	10.1	11.06
推进度/m	464.3	474.6	488.3	497.7	509.5	519.6

表 8-5　120#、121#、122# 支架周期来压步距分析结果

测架	第 1 次来压步距/m	第 2 次来压步距/m	第 3 次来压步距/m	第 4 次来压步距/m	第 5 次来压步距/m	平均步距/m
120#、121#、122#	10.9	9.3	12.3	11.3	11.3	11.02
推进度/m	463.7	474.6	483.9	496.2	507.5	518.8

表 8-6　155#、156#、157# 支架周期来压步距分析结果

测架	第 1 次来压步距/m	第 2 次来压步距/m	第 3 次来压步距/m	第 4 次来压步距/m	第 5 次来压步距/m	平均步距/m
155#、156#、157#	9.2	8.8	10.4	10.4	15.7	10.9
推进度/m	463.7	472.9	481.7	492.1	502.5	518.2

安全阀开启次数和支管爆裂次数见表 8-7,统计数据显示安全阀开启次数和支管爆裂次数较少,结果表明 50205 工作面所使用液压支架型号基本满足使用需求。

表 8-7　安全阀开启次数和支管爆裂次数统计表

测架	安全阀开启次数	支管爆裂次数
15#、16#、17#	0	1
50#、51#、52#	1	0
85#、86#、87#	0	0
120#、121#、122#	1	2
155#、156#、157#	0	0

综合现场观测和以上分析结果,得出如下结论:

① 就整个工作面而言,工作面基本顶周期来压步距在 8.4～15.7 m,平均周

期来压步距为 10.9 m,周期来压规律如图 8-10 所示。

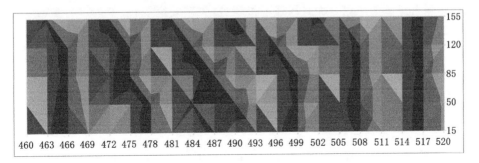

图 8-10　50205 工作面周期来压曲面图

② 工作面来压期间,压力显现主要表现为工作面煤壁中间鼓裂。

③ 工作面支架目前设置安全阀启动值为 40 MPa,等值于支架单立柱工作阻力为 4 020 kN,本次持续观测压力表示数最大值为 4 085.75 kN。工作面基本顶分级根据工作面直接顶厚与煤层采高的比值 $N = \sum h_z/m$ 进行分级,工作面直接顶累计厚度为 11.97 m,煤层采高为 2.1 m,N 值为 5.7;基本顶来压显现为 Ⅰ 级,即不明显。

④ 根据安全阀开启次数和支管爆裂次数统计数据,得出 50205 工作面所使用液压支架型号基本满足使用需求。

8.2　液压支架选型原则及支架与围岩的关系

8.2.1　支架选型原则及其结构特点

8.2.1.1　支架的选型原则

（1）支护强度与工作面矿压相适应的原则

支架的初撑力和工作阻力要适应直接顶和基本顶岩层移动产生的压力,将空顶区的顶底板移近量控制到最低程度。

（2）支架结构与煤层并存条件相适应的原则

支架的结构形式和支护特性要适应直接顶下部岩层的冒落特点,尤其要注意顶板在无立柱空间的破碎状态时,要尽量保持该处的完整性。支架的底座要适应底板岩石的抗压强度,以防止支架底座压入底板内,影响支架的移步。支架的支撑高度要与工作面采高相适应,一般要求采高大时不丢煤,采高小时支架不被压死。煤层倾角大时,支架应设有防倒防滑装置。

（3）支护断面与通风要求相适应的原则

综采工作面产量高，需要风量大，尤其是在高瓦斯矿井中，要保证充分的稀释，必须有足够的风量。而且风速不得超过《煤矿安全规程》中规定的 4 m/s 的要求。

（4）液压支架与采煤机、输送机等设备相匹配的原则

支架的宽度应与工作面输送机中部槽长度相一致，推移千斤顶的行程应较采煤机截深大 100～200 mm，支架沿工作面的移架速度，应能跟上采煤机的工作牵引速度。支架的梁端距应为 350 mm 左右。

8.2.1.2 支架的结构特点

目前，用于单一煤层开采的液压支架主要有支撑掩护式和二柱掩护式两种。其结构特点比较如下。

（1）支撑掩护式支架的结构特点和适用范围

① 有两排立柱，顶梁和底座较长，通风断面大，但整架运输不方便，采煤工作面开切眼宽度要求较大。

② 立柱支撑效率低，左、右柱载荷有差别，前、后柱载荷差别较大。

③ 支架的伸缩值一般小于等于 2.1 m，适应煤层厚度的变化能力小。

④ 支架的支撑合力距切顶线近，切顶能力强。

⑤ 质量大，造价高。

⑥ 底座对底板比压均匀，底座前端比压较小，容易移架。

⑦ 前、后立柱升架动作明显，便于操作。

⑧ 在角度较大的工作面使用时，顶梁向倾斜下方的摆动量大。

（2）二柱掩护式支架的结构特点和适用范围

① 支撑合力距离煤壁较近，可有效防止近煤壁顶板的早期离层和下沉。

② 平衡千斤顶可调合力作用点的位置，增强了支架对顶板的适应性。

③ 控顶距小。顶梁较短，因而对顶板反复支撑次数少，减少了对直接顶的破坏。

④ 伸缩比大，一般可达比 2.4。适应煤层厚度变化能力强。

⑤ 质量较支撑掩护式轻，投资少，搬家运输方便。

⑥ 支架对顶板向煤壁方向水平推力较大，有利于维护顶板的完整。

⑦ 液压控制系统简单，管路少，有利于提高移架速度。

⑧ 对围岩适应性强，对煤层变化较大的工作面适应性较强。

根据以上对比分析和矿区具体地质条件，确定选用二柱掩护式液压支架。

8.2.2 支架与围岩的一般关系

8.2.2.1 "煤壁、支架-基本顶"支撑系统的力学性质

对基本顶来讲，其支撑点只有前支点煤壁端（包括支架）和后支点采空区矸

石两个,如果把岩梁断口处视为铰接,不考虑接触点的弯矩,则该支撑体系属超静定结构,其力学模型简图如图 8-11 所示。

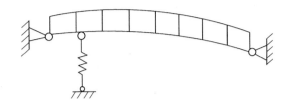

图 8-11　"煤壁、支架-基本顶"支撑系统力学模型简图

显然,该体系用数学力学方法是难以解算的,因为基本顶的变形协调方程很难建立。

8.2.2.2　支架围岩的一般关系

为了进一步研究支架围岩的一般关系,首先要建立一般采场的顶板结构模型。

（1）一般基本顶的结构模型

沉积岩层中存在许多分层弱面,这些弱面把顶板分解成许多厚度不同的分层,假定从煤层到 6~8 倍采高范围内的顶板由分层厚度相等和力学性质完全相同的岩层组成,这种条件下的岩层运动状态如图 8-12 所示。

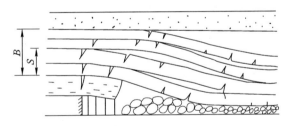

图 8-12　一般岩层的运动状态与支架的作用关系示意图

基本顶岩层由若干分层组成,且每一分层间存在离层,触矸点位置也不同。在具体采场,分层厚度和岩层强度发生变化时,将引起岩层运动的组合形式、离层量和触矸点的差异,但其运动机理与图中模型是一致的。

（2）支架-围岩关系

① 支架与直接顶的关系

直接顶直接覆盖于煤层上,一般情况下,采场支架要控制住其全部作用力（大悬顶时则不需要控制全部作用力）。设直接顶作用力为 A,则支护强度 P_T

的最低限度为 $P_T = A$。

然而,在现场矿压观测中,大量存在顶板大变形、支架荷载小于直接顶的作用力 A,随着顶板下沉量的增大,支架载荷越来越小(特别是在钻底严重的采场)。形成这种支架围岩关系有两种可能的岩层状态:

一是直接顶自身离层(图 8-13),上位直接顶在采空区触矸。

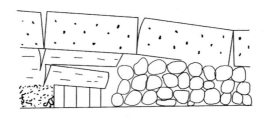

图 8-13　直接顶自身离层

二是直接顶与基本顶离层(图 8-14),直接顶在采空区整体触矸。

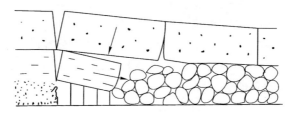

图 8-14　直接顶与基本顶离层

这两种状态下支架极易被直接顶推垮或被基本顶来压时冲垮,因此是不安全的支架围岩关系,一旦现场发现这种现象,要及时纠正。如图 8-15 所示。

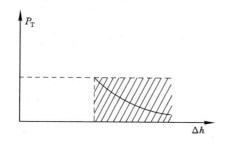

图 8-15　支架围岩关系的非法(危险)区域示意图

② 支架与基本顶的关系

设基本顶由 m 个分层组成,在采空区中,各分层间存在离层。

当支护强度仅等于直接顶作用力 A 时,基本顶各层自由沉降,各分层间自由离层;当支护强度大于 A 时,下位基本顶若干分层在控顶区上方将压紧,明显离层出现在作用段以上的分层中。作用段分层的悬露长度将增加,顶板下沉量随之减小。这种现象在现场矿压观测中也经常测到,即支护强度提高后,顶板下沉量明显减小。

支护阻力对基本顶的控制体现在以下两个方面:一是厚度方向控制的范围;二是顶板下沉量(即控制厚度范围内基本顶的下沉量)。

随着支护强度的提高,控制范围从 i 个分层到 $i+1$ 个分层时($i<m$),此过渡阶段中顶板下沉量不出现明显变化。一般(层状)基本顶模型下的支架围岩关系可用图 8-16 表示。

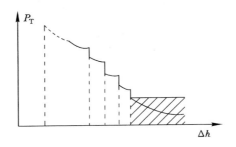

图 8-16 层状基本顶运动与支架的作用关系

图 8-16 中,一个曲线台阶代表了支架对一个分层的作用关系,基本顶有几个分层,曲线上就有几个台阶。

当基本顶只有一个分层时,支架围岩关系变为图 8-17 中的实线所示的形式,即只有一个曲线台阶。

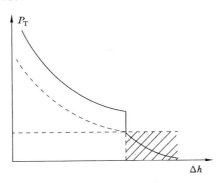

图 8-17 单岩层基本顶运动与支架的作用关系

在曲线台阶中,垂直线段表示支护强度增加时,控制住基本顶的下沉量,减缓基本顶的来压速度,增加直接顶与基本顶间的接触应力。曲线部分则表示支护强度已大到能控制住基本顶下沉量,且支护强度随下沉量的减小而增加。

当基本顶由很多分层组成时,支护围岩关系就变为图 8-17 中的虚线所示的形式,即无垂直线段。该虚线是将图 8-16 中的小台阶抹平后的曲线,即为图 8-16 所示的近似形式。

支架围岩一般关系的抽象:

图 8-18 中 cd 阴影部分为非法工作区,$b'c$ 段为梁式结构给定变形(Δh_A)工作段,bc 段为拱梁或类拱结构分层压实时的工作段,ΔS 为离层压实量,K 为直接顶与基本顶间的接触应力,ab 或 ab' 段为限定变形工作段。

$$p_T = A + K\,\frac{\Delta h_A}{\Delta h_i}$$

$$K = \frac{M_E\,\gamma_E\,C}{K_T L_K}$$

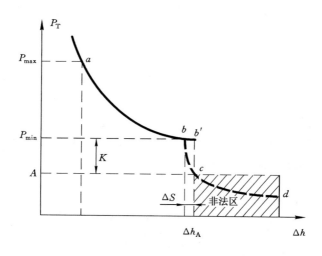

图 8-18 支架围岩一般关系的抽象示意图

8.3 液压支架选型

8.3.1 液压支架选型的主要方法

目前工作面支架选型常用的研究方法主要有三种:理论计算、工程类比和数值模拟。

（1）理论计算

在支架选型过程中,支架的支护强度、工作阻力、支撑高度等支架参数的确定需要理论计算,工作面顶底板结构的确定也会用到理论计算。理论计算的适用范围比较广,矿井的首采工作面和非首采工作面在进行设备选型计算时都可以采用理论计算。一般选型理论计算流程如图 8-19 所示。

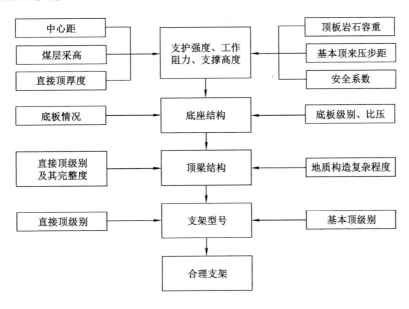

图 8-19　理论计算流程

（2）工程类比

工程类比法主要是通过调研收集国内相似地质赋存条件下的大倾角煤层开采工作数据,通过对已开采的和正在开采的大倾角煤层工作面支架参数及使用情况进行统计整合,为待选型工作面提供经验指导与参数借鉴。工作面煤层厚度和顶底板条件是工程类比法中的重要参考依据。工程类比法应用简单,一般较直接,具有相似开采经验的工作面对未选型工作面的实际选型工作具有极其高的参考价值,现场应用比较多。

（3）数值模拟

数值模拟常用到 UDEC、FLAC3D 等数值模拟软件,相关模拟软件可以模拟采煤工作中工作面顶板应力分布特征、应力状态下顶底板移近量大小以及煤岩体塑性区发育状况等。通过对不同支护强度的模拟分析可以合理选择支架型号。

当工作面煤层赋存条件非常复杂时,单一的采用理论计算很大程度上不能准确地得出合理的支护阻力与支架结构,很多时候需要通过工程类比和数值模拟对理论计算的结果进行验证和补充。

8.3.2 50205 工作面支架选型

在支架选型工作中,支架结构主要包括顶梁结构和底座结构;支架参数主要包括支护强度、工作阻力和支撑高度等。支架选型工作主要就是对以上几方面参数的确定。

(1) 支架支护强度与工作阻力确定

各项液压支架参数中最基本也是最重要的参数是支架工作阻力,如果支架的工作阻力选择偏低,容易出现压架窜顶事故;如果太高,会增加支架的质量和体积,此外,支架工作过程中处于增阻阶段时工作阻力不能得到充分发挥,导致资源浪费。支架主要结构的强度由支护阻力决定,其在很大程度上显示了支架的工作能力和特征。因此,合理的支架工作阻力是保证工作面安全高效生产的关键。

确定支架工作阻力的方法有很多,主要包括现场观测统计、采高容重法、临界阻力法和理论分析法等。本书使用的是最具有代表性的采高容重法来计算工作阻力。在采高容重法中,工作面支架需要承受控顶区内全部直接顶岩柱质量,以及在基本顶来压时出现的附加载荷。按照矿山压力理论的内容,工作面液压支架必须能够承受 6～8 倍采高的顶板岩石柱质量,依据现场观察和现有地质资料的分析,50205 工作面煤层直接顶以油页岩为主,基本顶为细粒砂岩,其岩石饱和抗压强度一般为 3.04～54.34 MPa,平均 19.09 MPa,属软岩—较坚硬岩石,但其中油页岩易崩解为不坚固岩石,所以为了安全可靠,取 8 倍采高的顶板岩石质量来进行计算,计算如下:

① 支架支护强度确定

$$P = KM\gamma\cos\alpha \times 10^{-3}$$

式中　　P——液压支架支护强度,MPa;

　　　　K——影响系数,$K=6\sim8$,取 $K=8$;

　　　　M——煤层最大采高,取 $M=2.3$(初采期间工作面采高最大不超过 2.3 m);

　　　　α——工作面煤层倾角,取 $\alpha=0°$;

　　　　γ——顶板岩石容重,kN/m³,一般取 25 kN/m³。

将以上数据代入上式得:

$$P = 0.46 \text{ MPa}$$

② 支架工作阻力确定

根据支架顶梁的控顶面积来确定支架的工作阻力,工作面支架的额定工作阻力 $F_{额}$ 应该满足下述要求:

$$F_额 = PB_CL/\cos\alpha$$

式中 P——液压支架支护强度，MPa，取 $P=0.46$ MPa；

L——液压支架中心距，m，取 $L=1.75$ m；

B_C——液压支架控顶距，m，取 $B_C=5.8$ m(顶梁长度＋梁端距)；

α——工作面煤层倾角，3°。

将确定数据和估取值代入上式得支架工作阻力为：

$$F_额 = 4\ 675\ kN$$

(2) 支架初撑力确定

支架初撑力是指支架在支柱升起时，支架顶梁主动给顶板的一个支撑力。初撑力是工作面支架的核心性能参数之一，直接顶的稳定性和破坏程度、支架-围岩的平衡状态以及支架的工作状态都会受到初撑力的影响。较大的初撑力有助于支架很快地达到额定工作阻力，一方面，可以支撑直接顶的质量避免离层现象的出现，减弱工作面顶板的破碎程度，有效避免煤壁片帮事故的发生；另一方面，能够有效压缩支架上方和底座下的浮煤浮矸，很大程度上增加了支撑系统的总体刚度，能更好地完成支架对顶板的主动支护。

顶板类别不同，对支架初撑力与工作阻力的两者比值要求也不同。对于Ⅰ类和Ⅱ类顶板，初撑力需要达到支护阻力的 75％～85％；对于Ⅲ类和Ⅳ类顶板，初撑力达到工作阻力的 60％～75％就可以实现很好的效果。由禾草沟煤矿 5$^\#$煤层工作面地质条件可知，50205 工作面顶板为 11.17 m 的油页岩和 16.6 m 的细粒砂岩，其岩石饱和抗压强度一般为 3.04～54.34 MPa，平均 19.09 MPa，属软岩—较坚硬岩石，属于Ⅱ类顶板范畴，是较稳定顶板，初撑力取额定工作阻力的 80％，即支架的初撑力为：

$$F_{初\min} = 0.80F_额 = 3\ 740\ kN$$

得到液压支架的最小初撑力为 3 740 kN。

(3) 液压支架支撑高度计算

液压支架的支撑高度最重要的是要能够适应煤层厚度的变化，不受顶板下沉量的影响。合适的支撑高度应该满足在煤层较厚处能"支得起"，在煤层最小处能完成降架移架的要求。在确定液压支架支撑高度的过程中，必须严格遵守液压支架设计规范，合理的支架支撑高度能够保证液压支架适应整个工作面的煤层厚度，保证支架在回采过程中能够有效发挥作用。禾草沟煤矿 5$^\#$煤 50205 工作面的最大煤厚为 2.8 m，最小煤厚为 2.18 m，平均厚度 2.28 m，此外，支架支撑高度必须保证支架与采煤机等设备之间的配套性，满足支架在工作过程中适应煤层厚度的要求。工作面液压支架支撑高度的计算公式如下。

① 液压支架最大支撑高度

$$H_{max} = M_{max} + h_1$$

式中　H_{max}——最大支撑高度,m;

　　　M_{max}——工作面最大采高,m,取 2.8 m;

　　　h_1——支撑高度富裕系数,0.1～0.2 m,取 0.2 m;

② 液压支架最小支撑高度

$$H_{min} = M_{min} - h_2$$

式中　H_{min}——最小支撑高度,m;

　　　M_{min}——工作面最小采高,m,取 2.18 m;

　　　h_2——顶板下沉量及顶底板浮矸厚度,0.15～0.25 m,取 0.2 m。

将各项数据代入上式,可得工作面支架的最大、最小支撑高度:

$$H_{max} = M_{max} + h_1 = 3.0 \text{ m}$$
$$H_{min} = M_{min} - h_2 = 1.98 \text{ m}$$

根据 H_{max}、H_{min}确定液压支架的支撑高度为:1.98～3.0 m。

(4) 工作面支架架数

$$n = L_{工} / L$$

式中　n——工作面支架架数;

　　　$L_{工}$——工作面长度,m,取 $L_{工}$=300.8 m(开切眼)+5 m(回风巷)+

　　　　5.2 m(胶运巷)=311 m;

　　　L——支架中心距,m,取 L=1.75 m。

将各项数据代入上式,可得 50205 工作面布置的液压支架架数为:

$$n = 311/1.75 \approx 178 （架）$$

考虑到防止支架与支架咬死,支架与支架间应留有一定空隙,因此,50205工作面最终确定布置 175 架液压支架。

50205 工作面两端头区域是工作面和机巷、风巷的交界处,在这里无支撑空间较大,导致围岩变形位移比较严重。为了提高工作面端头区域的安全系数,必须加强对工作面端头区域的维护和控制,此处对液压支架支护能力的要求更为严格。考虑到工作面端头区域围岩应力分布状态比采场中部区域复杂得多且变形较严重,为了实现综采工作面的安全高效生产,最终确定工作面选用掩护式手动控制液压支架共计 175 架。其中:机头 4 架北煤 ZYT6800/16/33 型液压端头支架、1 架北煤 ZYG6800/15/30 型液压过渡支架,中间基本支架 166 架,型号是北煤 ZY6800/15/30 型液压支架,机尾 3 架北煤 ZYT6800/16/33 型液压端头支架、1 架北煤 ZYG6800/15/30 型过渡支架。支架具体参数见表 8-8 至表 8-10。

表 8-8 北煤 ZY6800/15/30 型液压支架基本支架技术特征

序号	技术指标	技术参数
1	支架型号	双柱-掩护式
2	支护高度范围	1 500～3 000 mm
3	支架中心距	1 750 mm
4	工作阻力	6 800 kN
5	总质量	20 t
6	移架步距	800 mm
7	外形尺寸:长×宽	6 670 mm×1 650 mm
8	支护强度	($f=0.2$)0.65～0.74 MPa

表 8-9 北煤 ZYG6800/15/30 型液压过渡支架技术特征

序号	技术指标	技术参数
1	支架型号	双柱-掩护式
2	支护高度范围	1 500～3 000 mm
3	支架中心距	1 750 mm
4	工作阻力	6 800 kN
5	总重量	20.5 t
6	移架步距	800 mm
7	外形尺寸:长×宽	6 970×1 650 mm
8	支护强度	($f=0.2$)0.63～0.72 MPa

表 8-10 北煤 ZYT6800/16/33 型液压端头支架技术特征

序号	技术指标	技术参数
1	支架型号	双柱-掩护式
2	支护高度范围	1 600～3 300 mm
3	支架中心距	1 750 mm
4	工作阻力	6 800 kN
5	总质量	22 t
6	移架步距	800 mm
7	外形尺寸:长×宽	7 230 mm×1 650 mm
8	支护强度	0.62～0.71 MPa

9 结论与建议

9.1 结论

根据"禾草沟煤矿采动影响下支护技术理论与应用研究"项目研究内容,采用理论研究、实验室测试、现场测试、数值模拟和工业试验等方法对项目内容进行了系统研究,研究结果总结如下:

(1)采用实验室测试方法,对 501 盘区和 502 盘区的 5# 煤层及顶底板岩层物理力学特征进行了测试,包括真密度、视密度、含水率、煤的坚固性系数、抗压强度、抗拉强度、弹性模量、泊松比、内摩擦角和黏聚力。根据力学测试结果,501 盘区和 502 盘区的 5# 煤的顶板和底板岩石均为软岩,是较稳定围岩,顶板和底板均属于 II 类岩层。501 盘区和 502 盘区的 5# 煤层按硬度分类均属于中硬煤层。

(2)通过对 50205 工作面回风巷进行了矿压观测与分析,总体评价现支护设计强度过大,支护成本偏高,综合考虑支护成本和支护效果,有进一步调整支护强度的空间,以达到优化支护设计的目的。

(3)采用现场观测的方法对开拓巷道南翼输送机大巷和南翼回风大巷支护效果进行分析,从顶板锚杆受力和帮锚杆受力可知,南翼回风大巷受到了 50205 工作面回采时产生的矿压影响,但顶板多点位移计和巷帮多点位移计显示数值表明 50205 工作面回采时产生的矿压对南翼回风大巷影响不大;从现场宏观角度对南翼回风大巷和南翼输送机大巷进行了观察,当 50205 工作面接近停采线时(即大巷保护煤柱 90 m),两条巷道顶板均出现了少量掉矸现象,但巷道围岩没有产生明显变形。以上结果表明,南翼输送机大巷和南翼回风大巷采用的支护方案合理。

(4)采用数值模拟的方法对区段煤柱合理尺寸进行了研究。不建议留设小于 6 m 尺寸的煤柱;如果留设 6~8 m 尺寸的煤柱,必须对巷道进行补强支护,并采取切顶卸压措施,这样影响采掘的速度。研究结果认为:留设小于 14 m 煤柱时,巷道围岩变形量开始急剧增大,留设 14 m 煤柱时巷道围岩变形量相对较小,从经济上和技术上都是比较理想的煤柱尺寸。

（5）采用应力解除法对禾草沟煤矿井下三处地点进行了地应力测试,对测量结果进行研究分析,结论如下:

① 1号测点最大水平主应力为9.61 MPa,最小水平主应力为4.55 MPa,垂直主应力为5.40 MPa;2号测点最大水平主应力为10.18 MPa,最小水平主应力为4.78 MPa,垂直主应力为5.57 MPa;3号测点最大水平主应力为10.45 MPa,最小水平主应力为4.91,垂直主应力为5.66 MPa。根据相关判断标准:0～10 MPa为低应力区,10～20 MPa为中等应力区,20～30 MPa为高应力区;大于30 MPa为超高应力区。由此判断1号测点区域地应力场在量值上属于低应力区;2号测点和3号测点区域地应力场在量值上属于中等应力区。

② 从测试结果来看,三个测点最大水平主应力大于垂直应力,最小水平主应力为最小主应力,应力场类型为"$\sigma_H > \sigma_v > \sigma_h$"型应力场,即最大、最小主应力为水平主应力,中间主应力为垂直应力。确定禾草沟煤矿的应力场类型为大地动力型(压缩区)。相关研究结果表明,水平主应力对巷道顶底板的影响作用大于对巷道两帮的影响,垂直应力主要影响巷道的两帮受力和变形。

③ 三个测点最大水平主应力方向分别为方位角95.2°(相当于 ES 5.2°)、方位角95.66°(相当于 ES 5.66°)和方位角 NE 95.30°(相当于 ES 5.3°),根据测试结果初步判断测试区域最大水平主应力方向为 ESE 向,最大水平主应力与垂直应力之比分别为1.78、1.83、1.85,平均为1.82,1号测点实测垂直应力比按理论上计算上覆岩层垂直应力结果略大,2号和3号测点实测垂直应力比按理论上计算上覆岩层垂直应力结果略小。

④ 对测试结果进行回归分析得出,最大主应力-深度关系为:$y=0.010\,7x+7.665\,6$;中间主应力-深度关系为:$y=0.003\,3x+4.798\,3$;最小主应力-深度关系为:$y=0.004\,6x+3.717\,1$。

（6）通过现场测试和理论计算的方法,得到50215胶运巷围岩最大松动圈尺寸1.2 m,巷道围岩属于Ⅲ类一般围岩;西翼大巷延伸段围岩最大松动圈尺寸1.4 m,巷道围岩属于Ⅲ类一般围岩。

（7）采用理论计算和数值模拟的方法对50112工作面回风巷进行了支护方案设计,并进行了工业试验和矿压观测,结果表明,50112工作面回风巷道围岩稳定,支护设计方案合理;并对基于501盘区和502盘区回采巷道围岩条件基本一致,赋存深度有所差别,回采巷道支护设计方案按照赋存150 m、200 m、250 m、300 m、350 m、400 m、450 m、500 m、530 m共计9种方案进行了支护设计。

（8）采用理论计算、数值模拟和相似模拟的方法对50205综采工作面上覆

岩层破断机理与运动规律进行研究,结论如下:

① 根据理论计算,50205 工作面采空区上方冒落带的最大高度约为 7.6～11.4 m。导水裂隙带高度(冒落带和裂隙带两带的总高度)约为 33.61～40.2 m。

② 采用数值模拟方法,得出 50205 工作面采空区上方的冒落带＋裂隙带最大高度为 33.8 m,弯曲下沉带高度为 33.8～50.7 m。

③ 采用数值模拟的方法,得出 50205 工作面煤壁支撑区位于工作面前方 28.8 m 范围内,压力峰值点位于工作面煤壁前方 12.33 m。离层区宽度位于工作面后方 10.3 m,工作面后方 10.3 m 以外为重新压实区。

④ 采用现场观测的方法,得出 50205 工作面的超前支承压力影响范围在 0～23.4 m 之间,峰值点在 5.0～10.0 m 之间,应力集中系数在 1.23～1.53 之间。

⑤ 通过相似材料模拟试验,50205 工作面初次来压步距为 29 m,周期来压步距依次为 11～20 m,最大支承压力集中系数为 2.45,离层最大发育至 5# 煤顶板 36 m 处。

(9) 采用数值模拟、理论计算和现场观测的方法对 50205 采煤工作面矿压进行了观测和分析。结论如下:

① 采用数值模拟的方法,进行了地表山体对煤层原岩应力场分布规律影响的研究,研究结论为地表山体对根据山体下部岩层受山体影响强度的不同分为 3 个区,即距地表 100 m 以内的明显影响区、距地表 100～250 m 的影响减弱区和距地表 250 m 以下的无影响区。明显影响区内的垂直应力和水平应力受山体的影响均很大;影响减弱区内山体的影响明显降低,但仍会造成不可忽略的影响;无影响区内的原岩应力受山体影响已非常微小,研究中可以忽略。禾草沟煤矿 50205 工作面对应地面标高＋1 249.0 m～＋1 407.0 m,煤层底板标高＋1 005 m～＋1 025 m,工作面埋深基本上处于 250 m 以上,因此,地表山体对开采 50205 工作面影响非常微小,研究中可以忽略。

② 根据理论计算,得出禾草沟 50205 采煤工作面基本顶初次来压大约在 19.92 m 处发生,周期来压会在大约 9.58 m 处发生。

③ 根据现场测试,50205 工作面基本顶周期来压步距在 8.4～15.7 m 之间,平均周期来压步距 10.9 m。

④ 工作面支架目前设置安全阀启动值为 40 MPa,等值于支架单立柱工作阻力 4 020 kN,本次持续观测压力表示数最大值为 4 085.75 kN。工作面基本顶分级根据 $N = \sum h_z/m$ 进行分级,工作面直接顶累计厚度 11.97 m,煤层采高 2.1 m,N 值为 5.7;基本顶来压显现为 Ⅰ 级,即不明显。

(10) 通过现场观测和理论计算的方法对 50205 工作面支架适应性进行了评价,结果表明,50205 工作面所选液压支架型号对于此工作面地质条件适应性很好,所选支架能满足支护要求。

9.2 建议

(1)基于矿井测试区域地应力场的分布特征,合理布置巷道,在条件允许的情况下尽可能沿 ESE 向布置巷道,即巷道轴线方向尽可能与最大水平主应力方向一致,角度越小,越有利于巷道围岩的稳定与控制。

(2)如果 50112 回风巷在 50112 工作面回采期间巷道围岩稳定,在 5# 煤层其他类似地质条件下的回采巷道可以开展第 5.2 节中所设计的支护方案二和支护方案三进行工业试验研究,从而进一步节省支护成本。

参 考 文 献

[1] 陈海波,兰永伟,高文蛟.岩体力学[M].徐州:中国矿业大学出版社,2016.

[2] 冯夏庭,林韵梅.巷道支护分区设计的一种知识的闭环系统模型[J].阜新矿业学院学报,1993,(4):5-9.

[3] 梁东民,池小楼.工作面推进速度对顶板覆岩活动的影响[J].煤矿安全,2018,49(9):276-279.

[4] 任艳芳.地表山体载荷对浅埋深工作面开采矿压的影响[J].矿业安全与环保,2020,47(4):77-81+87.

[5] 史元伟.采煤工作面围岩控制原理和技术(上)[M].徐州:中国矿业大学出版社,2003.

[6] 张二锋,杨更社,唐丽云,等.含水率对泥质粉砂岩损伤劣化规律影响研究[J].煤炭科学技术,2019,2(47):14-20.

[7] 中国煤炭工业协会.煤和岩石物理力学性质测定方法:第1部分 采样一般规定:GB/T 23561.1—2009[S].

[8] 中国煤炭工业协会.煤和岩石物理力学性质测定方法:第2部分 煤和岩石真密度测定方法:GB/T 23561.2—2009[S].

[9] 中国煤炭工业协会.煤和岩石物理力学性质测定方法:第3部分 煤和岩石块体密度测定方法:GB/T 23561.3—2009[S].

[10] 中国煤炭工业协会.煤和岩石物理力学性质测定方法:第4部分 煤和岩石孔隙率计算方法:GB/T 23561.4—2009[S].

[11] 中国煤炭工业协会.煤和岩石物理力学性质测定方法:第6部分 煤和岩石含水率测定方法:GB/T 23561.6—2009[S].

[12] 中国煤炭工业协会.煤和岩石物理力学性质测定方法:第7部分 单轴抗压强度测定及软化系数计算方法:GB/T 23561.7—2009[S].

[13] 中国煤炭工业协会.煤和岩石物理力学性质测定方法:第8部分 煤和岩石变形参数测定方法:GB/T 23561.8—2009[S].

[14] 中国煤炭工业协会.煤和岩石物理力学性质测定方法:第10部分 煤和岩石单轴抗拉强度测定方法:GB/T 23561.10—2010[S].

［15］中国煤炭工业协会.煤和岩石物理力学性质测定方法:第 11 部分　煤和岩石抗剪强度测定方法:GB/T 23561.11—2010［S].

［16］中国煤炭工业协会.煤和岩石物理力学性质测定方法:第 12 部分　煤的坚固性系数测定方法:GB/T 23561.12—2010［S].

［17］周涛,宁琛瑶,王琛,等.地表山体对煤层原岩应力场分布规律的影响［J].煤炭技术,2014,33(5):141-144.